KB051633

아이의 두뇌를 깨우는

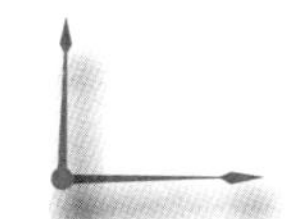

하루15분 책읽어주기의 힘

아이의 두뇌를 깨우는

하루15분 책읽어주기의 힘

짐 트렐리즈 · 신디 조지스 지음 | 이문영 옮김

차 례

일러두기 | 본문 중 **책제목**을 표기하면서 국내에 번역 출간된 책은 번역서 제목을, 미출간된 책은 원서 제목을 따랐음을 알려드립니다.

서 문

아이들이 책과 사랑에 빠졌으면 좋겠다

아이들이 영리해지기를 바란다면,
동화를 읽어 주라.
아이들이 더 영리해지기를 바란다면
동화를 더 많이 읽어 주라.

알베르트 아인슈타인

지난 1960년대에 짐 트렐리즈는 두 아이의 젊은 아버지였고, 매사추세츠주의 《스프링필드 데일리 뉴스Springfield Daily News》에서 삽화가 겸 자유기고가로 일하고 있었다. 매일 밤 그는 어린 딸과 아들에게 책을 읽어 주었는데, 그때는 책읽어주기의 지적 · 정서적 효용성을 깨닫지 못했다. 그는 책읽어주기의 긍정적 효과(어휘력과 집중력, 책에 대한 관심)에 대해 전혀 알지 못했다. 그는 한 가지 이유에서 읽어 주었다. 그의 아버지가 그에게 책을 읽어 줄 때면 기분이 좋아졌고, 자신의 아이들도 그렇게 책을 접하게 하고 싶었기 때문이다.

짐은 아이들에게 매일 밤 책을 읽어 주는 한편, 한 6학년 교실에서 자원 봉사를 했다. 실망스럽게도 그는 어떤 교실의 아이들은 책을 많이 읽지만, 다른 교실에서는 그렇지 않다는 것을 알게 되었다. 무엇이 달랐을까? 그는 마침내 책읽기에 열심인 교실에서는 대부분 교사가 아이들에게 책을 규칙적으로 읽어 준다는 것을 깨달았다. 그는 가까운 교육대학 도서관에서 아이들에게 책을 읽어 주는 일이 읽기 · 쓰기 · 말하기 · 듣기 능력을 키우고, 무엇보다 읽기에 대한 태도를 개선한다는 연구보고서를 발견했다. 그런데 한 가지 문제가 있었다. 그 보고서를 읽어야 할 사람들이 읽지 않는다는 것이었다. 교사와 교장, 장학사들은 그런 보고서가 있는지조차 모르고 있었다. 그는 또한 부모와 교사들 대부분이 좋은 아동 도서에 대해 전혀 아는 바가 없다는 것도 알게 되었다.

이 책은 책읽어주기의 효과에 대한 연구를 소개하고 읽어 주기에 적당한 책을 추천하기 위해 1982년 초판이 출간되었다. 당시에는 인터넷이나 이메일, 휴대전화, 유튜브, 아이튠즈, 아이패드, 앱, 동영상, 전자책, 와이파이, 페이스북, 트위터, 인스타그램 등이 없었다. 현재의 메신저와 가장 가까운 것은 짜증이 날대로 난 엄마가 아이들에게 경고를 보내는 표정이었다. 지금의 문자 메시지는 타자기가 했던 역할이었다. 최초의 CD 플레이어가 발매되기 시작했고, 스타벅스는 시애틀의 원두 가게였으며, '노트북'을 본 사람들은 이를 TV 디너 트레이TV-dinner tray쯤으로 생각했을 것이다.

지금은 어떨까. 새로운 기술과 함께 시험에 수십억 달러를 투

입했지만, 흔히 '미국의 성적표'로 불리는 국가교육평가원National Assessment of Educational Progress, NAEP에 따르면, 지난 20년 동안 읽기 점수에서 부진을 면치 못하고 있다. 전국 학생의 3분의 2가 2017년에 실시한 읽기 시험에서 '능숙한' 수준 이하의 점수를 받았다. 2002년부터 읽기와 수학에만 집중한 정부 주도의 '아동낙오방지법No Child Left Behind, NCLB'이 시행되었음에도 말이다. 또한 이 외에도 다양한 커뮤니티와 비영리 법인, 단체들이 아이들의 초기 읽기 능력을 키우고자 부모와 보육자, 교사, 사서들에게 자원을 제공하고 있다.

이렇듯 읽기에 관심과 지원을 아끼지 않는데도 왜 우리는 아이들의 읽기 문제를 개선하지 못할까? 이 책이 이에 대한 답과 함께 우리가 할 수 있는 일을 알려 주게 되기를 바란다. 틀림없이 이전보다 더 나은 방법이 있다. 그렇다면 현재 우리가 이용할 수 있는 자원을 어떻게 활용해야 할까?

읽기와 시험의 현주소

먼저 네바다주 리노의 타일러 하트 이야기를 해보자. 타일러는 2015년 SAT미국 대학수능시험__옮긴이를 치른 170만 학생 중에 2,400점 만점을 받은 583명 중 한 명이었다. 그는 ACT미국 대학입

학학력고사__옮긴이 시험에서도 36점 만점을 받았다. 비결이 무엇인지 묻자 타일러는 하루에 열 시간씩 잠을 자고 아침을 챙겨 먹는 것이라고 했다. 그가 하지 않은 것은 벼락치기나 이 두 시험의 대비반에 들어가는 일이었다. 아들의 만점에 관한 질문에 타일러의 어머니는 타일러와 그의 동생이 어렸을 때 되도록 책을 많이 읽어주었다고 말했다. 그들은 박물관 견학을 가기도 하고 신문 기사를 오려서 토론을 벌이기도 했다. 타일러의 어머니와 아버지는 두 아들에게 학업의 중요성도 누누이 이야기했다.

미국 역사상 지난 20년만큼 읽기를 주제로 이렇게 많은 논의가 이루어진 때가 없었다. 어떤 과목에서도 이렇게 막대한 예산을 들여 아이들을 시험한 때도, 이렇게 읽기에 관한 규칙과 법령을 양산한 때도 없었다. 결과적으로 거의 혹은 전혀 개선되지 않았지만 말이다.

이 나라 어린이와 청소년의 비만율이 증가함에도 불구하고, 많은 주와 교육구에서 시험공부에 더 많은 시간을 들일 수 있도록 휴식 시간을 없앴다. 이제 많은 주가 아이들이 학교에서 놀 시간이 없을 때 나타나는 폐해를 깨닫기 시작했다. 2017년 플로리다는 매일 20분씩 휴식을 취하도록 명령하는 주법을 제정했다. 로드아일랜드와 애리조나에서도 최근 유사한 법안이 통과되었다. 아이들의 신체 활동과 사회화를 위한 활동을 보장하는 법안까지 만들어야 하다니 기막힐 일이다.

책읽어주기는
부모의 몫인가, 학교의 몫인가

《워싱턴 포스트Washington Post》의 오랜 교육 칼럼니스트인 제이 매튜스는 22년 동안 취재해 온 학업성취도에 관한 기사들을 되돌아보며 이렇게 적고 있다. "학습 능력의 향상을 위한 그동안의 시도는 매번 학생들의 수업 시간을 늘리는 문제로 귀결되었다." 내가 오랜 세월 말해 온 것도 어찌 보면 같은 내용이다. 변화를 위해서는 학교의 수업 시간을 늘리든지, 아니면 가정에서 보내는 7,800시간에서 해결의 실마리를 찾아야 한다. 수업 시간의 연장이 가장 필요한 지역들에서는 그 비용을 감당할 수 없으므로, 가장 현실적인 선택은 가정에서 보내는 7,800시간을 활용하는 것이다.

노스캐롤라이나주립대학교와 브리검영대학교, 캘리포니아대학교 어바인 캠퍼스의 연구자들은 학생과 부모, 교사, 학교 관리자 1만여 명의 데이터를 분석했다. 그들은 가족사회 자본, 즉 신뢰와 개방적인 의사소통, 자녀의 학업에 대한 적극적 참여와 같은 부모와 자녀의 유대관계를 살펴보았다. 그들은 긍정적인 학습 환경을 제공하는 학교의 능력을 정확히 보여 주는 학교사회 자본도 살펴보았다. 연구자들은 학교와 가족의 참여 모두 중요하지만, 학업성취에 관한 한 가족의 참여가 더 강력한 역할을 한다는 점을 발견했다.

학교 교육의 잘못을 모두 교사에게 돌리는 저간의 현실과 달리, 연구에 따르면 읽기와 학업의 성공(또는 실패)의 씨앗은 아이들이 학교에 가기 훨씬 전에 가정에서 뿌려진다.

연구는 종종 정치적으로 요란스레 논의되는 사안들을 차분히 따져보는 데 도움이 된다. 하지만 그 연구물은 읽기에 무미건조할 수 있어 개인적 일화와 사례를 끼워 넣어 글에 활기를 불어넣었다.

이를테면, 마리 르준 같은 사람들이 책 곳곳에서 여러 번 나올 것이다. 우리는 수년 전 마리가 박사과정 학생이자 고등학교 교사로 있을 때 처음 만나서 지금은 아동문학 동료이자 친구로 지낸다. 수년 동안 나와 마리는 책읽어주기의 중요성을 이야기해 왔다. 나는 그녀가 왜 책읽어주기를 그처럼 가치 있게 생각하는지 궁금했다. 그녀는 이렇게 대답했다.

> 저는 고등학교 학생들과 제 아이들에게 책을 읽어 주었어요. 아이들에게 책을 읽어 주는 일이 매우 유익하다는 연구물을 읽었기 때문이죠. 저는 책을 읽어 주면 아이들의 어휘력과 이해력, 정보 처리 능력이 향상된다는 것을 알게 되었어요.
>
> 교사로서 저는 책을 읽어 줄 때면 학생들이 즐거워한다는 것을 깨달았어요. 책과 등장인물, 책읽기로 긍정적인 순간을 만드는 일은 매우 중요했어요. 책읽어주기를 통해 많은 학생이 새로운 장르와 주제, 작가를 접

했고, 그중 많은 아이가 제가 읽어 주는 책을 바탕으로 혼자 읽기를 넓혀 나갔죠. 우리는 함께 책을 읽으며 놀랍고 깊은 대화를 나누었어요. 때로는 연중 가장 열띤 대화를 나누기도 했답니다. 저는 각 수업의 필요성이나 그 시기에 일상에서 일어나는 일들에 맞추어 읽어 주는 책을 그때그때 선택하기도 했어요. 힘든 시기에 위로를 주고, 함께 있음을 축하하며, 웃음으로 스트레스를 날려 주는 이야기들이 있었어요.

집에서 아이들에게 책을 읽어 준다는 것은, 잠자리에 들기 전이든 그게 언제든 침대나 소파에 몸을 파묻고 책과 경험을 함께 나눈다는 의미였어요. 그 시간에 우리는 이야기와 등장인물에 폭 빠져 울고 웃었죠. 책 읽어 주는 시간은 우리 가족이 다시 만나 함께하기를 손꼽아 기다리는 시간이었어요.

금연 **캠페인**을 하듯 **책읽어주기** 캠페인을 벌이면 어떨까

가정에서 부모들이 할 수 있는 일과 해야 할 일, 그리고 반드시 해야만 할 일을 전국적으로 홍보하는 캠페인을 벌인다고 가정해 보자. 다만, 이는 영부인이 어린이집을 찾아 "아이들에게 책을 읽어 주세요!"라고 말하는 의례적이고 일회적인 캠페인이 아닌 진정한 개혁 운동임을 잊지 말자.

지난 50년 동안 이 나라에서는 금연 캠페인을 꾸준히 펼쳐 왔다. 사람들이 흡연 습관을 고치도록 정보를 제공하고 겁을 주었다. 가능한 모든 미디어를 동원해 흡연이 암과 사망으로 이어질 수 있다는 통계를 제공하고, 임종을 앞둔 흡연자들의 음성 변조한 고백을 들려주었다.

점차 여론은 미국 대부분의 가정과 모든 공공장소에 영향을 미치는 법률과 소송을 강요하며 공공 관행과 정책을 좌지우지했다. 1964년 이후 흡연 인구는 절반 이상 줄었다. 질병통제예방센터Centers for Disease Control and Prevention, CDC는 2015년 기준 미국 성인의 15.1%가 흡연을 하는 것으로 발표했는데, 이는 2005년의 20.9%에 비해 줄어든 것이다. 수년간 수억 명의 수명과 건강이 개선되고 수억 달러가 절약되었다.

이 모델을 응용해 부모들의 습관을 바꿀 수 있을 것이다. 이 캠페인은 이 책에 실린 아동 독서에 관한 통계 수치를 제공하고, 가족이 읽기 교육을 올바로 하지 못했을 때 자녀와 손자의 미래에 끼치는 피해를 알려 줄 것이다.

다음의 작은 사례를 보면 가정이 변화할 수 있음에도 가족에게 다가가는 노력을 거의 한 적이 없다는 사실을 깨닫게 될 것이다. 거의 30년 동안 끊임없이 연방정부는 학교 개혁의 필요성을 역설했다. 하지만 이를 돕기 위해 부모들이 무엇을 해야 하는지는 아무도 말해주지 않았다.

나는 짐 트렐리즈가 직접 실행했던 다음의 이야기를 좋아한다.

나는 내가 쓰고 강연한 주제 중 일부를 선별해 3부로 구성된 흑백 브로슈어 한 부로 요약했다. 그런 다음 이를 PDF 파일로 변환해서 웹사이트에 올리고, 내 홈페이지를 통해 부모들에게 이 파일을 무료로 내려받을 수 있다고 공지했다. 그게 전부였다. 광고나 판촉, 출판사 링크 따위는 없었다. 도움을 구하는 학부모들에게 비영리 학교와 도서관의 정보를 제공하는 작은 브로슈어 외에는 없었다.

나는 이 정보를 누가 사용하는지 궁금해서 웹페이지에 사용 허가 요청을 해달라고 짧게 공지했다. 그 후 3년 동안 미국 내의 학교들로부터 2천 건에 가까운 요청을 받았고, 거의 모든 대륙에서도 요청을 해왔다. 대도시와 남서부의 작은 마을, 중동의 학교, 인도, 한국, 일본에서 이메일이 왔고 얼마 전에는 카자흐스탄에서도 이메일을 보내 왔다. 그들은 이구동성으로 부모들에게 도움이 되는 정보를 찾다가 이 브로슈어를 우연히 발견했다고 말했다.

누군가가 부모들에게 다가가려고 애쓴다면, 누군가가 이처럼 책읽어주기의 효과를 널리 알린다면 어떤 일이 일어날지 상상해 보라. 정부에서 가정과 부모들의 역할이 중요하다고 생각한다면, 그 홍보력과 수백만 달러의 예산으로 무엇을 할 수 있을지 상상해 보라. 슈퍼볼이나 최근 리얼리티 쇼를 홍보하는 방식으로 학부모 교육을 장려한다고 상상해 보라.

디지털 시대에도 읽기가 중요할까

읽기는 교육의 중심에 있다. 학교에서는 거의 모든 과목을 읽기를 통해 배운다. 학생들이 수학 문제를 이해하기 위해서는 그 문장을 읽을 수 있어야 한다. 과학이나 사회 교과서를 읽지 못한다면, 장 마지막의 질문에 어떻게 답할 수 있을까?

읽기는 교육의 핵심 요소이기 때문에 장수를 위한 안전벨트라고 말할 수 있다. 비영리 민간 기구인 랜드연구소RAND Corporation 1948년에 설립된 미국의 대표적인 정치 · 외교 · 군사 정책 연구소이자 세계적인 싱크탱크 기구__옮긴이의 연구진이 인종 · 성별 · 지역 · 교육 · 결혼 · 식습관 · 흡연 · 종교와 같이 수명에 영향을 미치는 요인들을 모두 조사했는데, 가장 중요한 것이 교육이었다고 한다. 또 다른 연구자는 의무 교육이 시작된 100년 이상 전으로 거슬러 올라가 자료를 수집했다. 그녀는 한 사람의 교육 기간이 1년 늘어날수록 평균 수명은 1.5년 길어진다는 사실을 발견했다. 같은 연구를 다른 나라에 적용해도 동일한 양상이 나타났다. 이와 유사하게 알츠하이머 연구자들은 유년 시절의 읽기와 그때 쌓인 어휘력이 이 질병으로 인한 손상을 막는 데 도움이 되는 것 같다고 말한다.

읽기(비디오 스트리밍이나 문자가 아닌)야말로 우리 사회에서 사회적 성공을 이루는 데 가장 중요한 요인이라고 말할 수 있다.

다음은 이런 주장을 뒷받침하는 공식들로, 지나친 단순화로 여길 수도 있지만 상당 부분은 연구로 입증되어 있고, 100%는 아닐지라도 대부분은 진실에 가깝다.

- 더 많이 읽으면, 더 많이 알게 된다.
- 더 많이 알게 되면, 더 똑똑하게 자란다.
- 더 똑똑하게 자라면, 재학 기간이 더 길어진다.
- 재학 기간이 더 길어지면 학력이 더 높아지고, 일자리도 더 오래 유지한다. 따라서 평생 동안 더 많은 돈을 번다.
- 부모의 학력이 높을수록 자녀의 성적도 높다.

아이들이 책과 사랑에 빠졌으면 좋겠다

이 책의 목적은 아이들에게 읽는 법을 가르치는 게 아니라 아이들이 책을 읽고 싶어하도록 가르치는 데 있다. 교육에서는 '아이들이 무엇을 배우게 하는 것보다 무엇을 사랑하고 소망하도록 가르치는 것'이 늘 중요한 문제이다. 사실 어떤 아이들은 다른 아이들보다 좀더 일찍, 그리고 쉽게 글을 배우기도 한다. 아이들 사이에는 차이가 있다. 어떤 부모는 이를수록 좋다는 생각에 18개월짜리 아기에게 낱말 카드를 들이대며 그것을 옹알거리게 하는데,

나는 그들에게 이렇게 말한다. "빠르다고 좋은 것은 아닙니다." 저녁 초대에 한 시간 먼저 도착한 손님이 제 시간에 온 손님보다 좋은 손님인가?

그렇지만 아이가 글을 더디 깨치고 수년씩 책을 끼고 씨름해야 한다면 그것도 문제이다. 학교에서 배워야 할 많은 것을 놓칠 뿐만 아니라 평생 동안 인쇄물을 볼 때마다 고통스러운 경험을 떠올리게 될 것이기 때문이다. 이 책은 그런 고통에 대비한 '예방 조치'로써 가정에서 할 수 있는 일에 대한 것이다.

아이가 예닐곱 살도 되기 전부터 글을 깨치게 하려고 서두를 필요가 없다. 이즈음이 발달 단계상 글을 배우기에 적당한 시점이다. 이 책은 아이가 책과 사랑에 빠져 졸업 후에도 계속 책 읽는 것을 즐기는 사람으로 키우는 방법을 알려 주려는 것이다. 부모를 위해서 혹은 학교 공부를 위해서 읽기를 배우는 아이로 키우는 방법이 아니다. 이 책은 또한 아이와 보내는 시간을 만끽하면서 함께 읽는 책에 감사하는 마음을 키움으로써 책읽어주기 경험을 끌어올리는 방법도 알려 준다.

책읽어주기는
아이들의 삶을 **변화**시킬 기회이다

아프리카에는 "한 아이를 키우려면 마을 하나가 필요하다"라는 옛 속담이 있다. 어떤 사람들은 아이들에게 책을 읽어 주는 일은 부모와 교사들의 책임이라고 생각할지 모르지만, 나는 이에 동의하지 않는다. 우리 모두에게 소리 내어 책을 읽어 줌으로써 아이들의 삶을 변화시킬 기회가 있다.

나는 어렸을 때 종종 부모님과 여자 형제, 반려동물, 인형들에게 책을 읽어 주었다. 나는 책뿐만 아니라 관심이 가는 신문 기사를 소리 내어 읽기도 했다. 앤 랜더스의 열렬한 팬이었던 나는, 아침 식탁에서 부모님에게 랜더스의 상담 칼럼을 읽어 드렸다. 나는 귓가에 들리는 단어의 소리와 유창한 문장의 물결을 즐겼다.

내가 열두 살 때 우리 집은 와이오밍주 잭슨으로 이사했다. 지역 신문에 공립 도서관에서 유치원 아이들에게 책을 읽어 주는 자원봉사자를 모집한다는 광고가 실렸다. 확신하건대 그때 도서관에서 굳이 나 같은 아이를 찾지는 않았을 테지만 사서는 내게 기회를 주었고, 책 읽어 주는 재주로 나는 참석한 아이와 부모들에게 즐거움을 선사했다.

편집자인 빅토리아 사반을 처음 만났을 때, 우리는 서로 책읽어주기를 무척 즐기며 《하루 15분 책읽어주기의 힘 The Read-Aloud Handbook》이 매우 중요한 책이라는 이야기를 나누었다. 빅토리아는 그때 다음의 이야기를 들려주었다.

제가 밀라를 처음 만난 건 그 아이가 막 4학년이 되었을 때였죠. 저는 우리 회사를 통해 '리드 어헤드Read Ahead'라는 자원봉사 프로그램에 참여했고, 저와 밀라는 한 학년 동안 일주일에 한 번씩 만나 함께 책을 읽을 독서 친구로 맺어졌어요.

첫날에 밀라가 읽기에 별 흥미가 없는 것 같아서, 우리는 단어 게임과 그림 그리기 같은 다른 활동을 주로 했어요. 제가 종종 다른 활동을 하기 전에 책을 조금 읽으면 어떻겠냐고 권하기는 했죠. 초반에 저는 에린 헌터의 인기 있는 전사들Warriors 시리즈에서 경쟁자인 고양이 씨족들의 이야기를 다룬 책을 한 권 골랐어요. 책에 별다른 재미를 느끼지 않았던 밀라는, 나중에 그 아이의 제안으로 다시 책을 보며 그림을 그리고 작은 팝업북으로 장면을 재구성한 다음에야 강한 흥미를 보였어요. 이 활동은 우리 둘이 전사들의 세계를 탐구하고 상상하는 데 도움이 되었지요.

4학년이 끝날 무렵에는 밀라 혼자서 이 시리즈의 여러 권을 읽었고, 우리는 만들기 활동 외에도 함께 책을 더 많이 읽게 되었어요. 밀라가 5학년이 되면서 우리는 만날 때마다 책을 읽었는데, 대개는 우리 둘 다 그동안 읽어 온 전사들 시리즈를 읽었어요. 우리는 놀랄 정도로 책을 빨리 읽어치웠답니다!

6월에 저는 밀라의 중학교 졸업식에 참석했어요. 초대를 받아서 얼마나 뿌듯했는지 몰라요. 밀라의 부모님은 저의 멘토 활동에 감사를 표하고 밀라가 이 프로그램을 통해 독자로서 크게 발전했다고 말했어요. 감사 인사를 받고 말할 수 없이 기뻤죠. 어린 친구를 새로 사귀어 그의 독서 여행에 동참하는 일은 엄청난 특권이었어요.

이번 **개정판**은 **무엇**이 달라졌을까

짐 트렐리즈가 내게 이 책의 8판 한국어판은 4판__옮긴이 내용을 개정하고 새로운 정보를 보완하는 일에 관심이 있는지 물어 왔을 때 나는 감격했고 영예로 느꼈다. 나는 모든 연령대의 아이들에게 책을 읽어 주는 일의 가치를 전 세계의 어른들에게 일깨워 준 이 책의 중요성을 잘 알고 있었다.

짐이 이 책을 쓴 이유는, 부모들이 아이들에게 책을 자주 읽어 주지 않는다고 생각했기 때문이다. 나는 과거에 교육자 즉 1학년 교사이자 학교 사서였고, 지금은 아동 및 청소년 문학 교수로서 예비 교사나 교사들을 가르치고 있다.

나는 이 책의 형식을 그대로 따랐다. 이 책은 두 권의 책이 하나로 합쳐진 것이다. 전반부는 책읽어주기의 효과를 입증하는 사례와 평생 책을 즐겨 읽는 사람으로 키우는 방법으로 짜여 있다. 책읽어주기의 기쁨을 누릴 수 있는 구체적인 방법과 기술에 대해 설명한다.

후반부는 '책읽어주기 보물창고'로 그림책부터 소설까지 읽어주기에 적당한 길잡이용 추천 도서 목록이다. 이 보물창고는 아이에게 책을 읽어주고 싶은 부모와 교사, 사서, 지역 사회 주민들의 막막함을 덜어주기 위해 작성한 것이다.

이 책은 아이에게 왜 책을 읽어주어야 하는지, 언제부터 읽어주어야 하는지, 어떤 순서로 읽어주어야 하는지에 대한 근거와 연구물을 소개한다. 사실 아동 독서의 주제는 이보다 더 광범위한데, 4장의 주제를 '혼자 읽기Sustained Silent Reading, SSR'로 정한 것도 그 때문이다. 아이들에게 책을 읽어 주는 많은 이유 중 하나가 그들 스스로 책을 읽고 싶어하도록 만들기 위함이다.

또한 5장에서 설명하듯이, 아버지들을 책읽어주기로 끌어들여야 한다. 아버지들은 자녀들의 읽기 능력에서 중요한 역할을 한다.

상식적으로 읽을 책이 없으면 책을 읽을 수도 없다. 아이들에게 읽을거리(책과 잡지, 신문 등)가 많을수록 읽기 성적도 높다고 한다. 그리고 요즘에는 신기술을 언급하지 않고는 책을 이야기할 수 없다. 전자책이 종이책을 대체할까? 전자 기기(와 모든 문자 메시지)가 읽기에 도움이 될까, 방해가 될까?

이번 개정판에는 아동 도서를 처음부터 끝까지 살피며 모든 요소를 탐구하는 장도 추가했다. 많은 경우 우리는 글자에 집중하느라 그림책과 그래픽 소설의 삽화를 천천히 음미하지 않는다. 8장에서는 책읽어주기의 질을 높이는 디자인과 예술적 요소에 주목하며 그림책을 살펴볼 것이다. 나는 교육자로서 아이들을 '테스트'하는 대신 책읽어주기 경험을 끌어올리는 전략들을 이번 개정판에 포함했다.

01

왜 읽어 주어야 하나

지난 주말 스포케인에서 나는 부모와 교사, 사서, 아이들과
이야기를 나누었다. 질의응답 시간에 열다섯 살 소녀가 일어나 말했다.
"이 말씀을 드리고 싶어요. 4학년 때 제 선생님이 《에드워드 툴레인의
신기한 여행》을 읽어 주셨는데, 그것이 제 인생을 바꿔 놓았답니다.
책을 즐겨 읽지 않았던 제가 그때부터 책을 사랑하게
되었어요. 그리고 이제 저도 작가가 되었답니다."
책을 읽어 주면 독서가가 된다. 책을 읽어 주면
작가가 된다. 책을 읽어 주면 인생이 바뀐다.

작가 케이트 디카밀로

"왜 **아이들**에게 책을 읽어주어야 하나요?"(아이의 나이에 상관없이)라는 질문을 받을 때마다, 읽어 주는 사람과 듣는 사람 모두에게 책읽어주기가 왜 그렇게 중요한지 설명할 기회가 생긴다. 책읽어주기의 교육적 가치는 어휘의 소개, 유창함의 본보기, 표현력 있는 낭독의 시연, 이해력의 발달, 아이와의 유대감 향상 등 그 혜택이 충분히 입증되었다. 누군가가 읽어 주는 책을 듣는 일은 개인적으로도 가치가 있다. 그 경험은 사람과 시간, 장소에 얽힌 이야기를 생생하게 떠올리게 하고, 그런 기억은 종종 수년 동안 뇌리에 남는다.

그럼 우리는 왜 책을 읽어 줄까? 다음은 새내기 부모와 경험 많은 부모들의 이야기이다.

"제가 임신했을 때 남편이 우리 아이를 위해 산 첫 선물이 모리스 샌닥의 《괴물들이 사는 나라Where the Wild Things Are》였어요. 우리 둘 다 열렬한 독서가이기도 하지만, 저는 그 선물에 완전히 감동했지요. 남편은 우리 아이가 책읽기를 좋아했으면 하는 바람에서 그 책을 산 게 아니었어요. 그는 벌써 아이에게 책을 읽어주고 싶었던 거예요. 책읽어주기는 책에 대한 사랑을 키워 주는 첫 번째 방법이고, 이는 우리 아이들이 태어나기도 전부터 그들 삶의 일부가 되었답니다."(마리아 르준, 네 아이의 어머니)

"저는 우리 아이들에게 책 읽어 주는 걸 좋아해요. 평온하게 살을 맞댈 수 있는 시간이지요. 책읽어주기로 제 아들 제이콥의 언어 능력이 크게 발달했다고 믿어요. 아들은 질문을 던지고, 추론과 비판적 사고를 배우고 있어요. 예를 들어, 아들은 그림을 보고 무슨 일이 일어나고 있는지 궁금해하거나 "이 사람들은 뭘 하는 거예요?"라고 물어요. 지난 6개월 동안 아들이 성장하는 모습을 즐겁게 지켜봤어요. 딸 노라는 5개월 된 아기예요. 딸은 책 속의 밝은 색채와 책에 보이는 물체들을 만지는 일에 폭 빠져 있어요. 이렇게 일찍부터 자극을 받으면 딸에게도 도움이 되리라고 확신해요."(채리티 델라크, 두 아이의 어머니)

"아버지로서 책읽어주기는 뭘 하라거나 느끼라고 말하는 대신 아이와 함께 무언가를 경험할 기회입니다. 함께 책을 볼 때 우리의 역할은 사라지고, 둘 다 더 깊은 감정 수준을 경험하게 돼요. 책은 정답을 모른 채 더 깊은 대화로 이끄는 창입니다. 막내딸은 책읽기를 그리 좋아하지 않아요. 그 아이에게는 아빠가 책 읽어 주는 시간은 아빠와 단둘이서 보내는 소중한 시간인 거죠. 다른 방해꾼은 없어요. 저는 일 생각을 하지 않고, 딸은 친구 걱정을 하지 않아요. 책읽어주기에는 다른 어떤 것에서도 얻을 수 없는 뭔가가 있어요."(스콧 라일리, 10대의 두 딸을 둔 아버지)

"저는 책 읽는 것을 좋아해요. 책에서 길을 잃는 것은 제가 가장 좋아하는 활동 중 하나죠. 성대모사를 하고, 책에 생명을 불어넣으며, 이야기에 사로잡히고, 등장인물들을 한 가족처럼 느껴요. 이를 제 아이들과 나누는 일에는 절대로 싫증이 나지 않을 겁니다."(멜리사 올랜스 안티노프, 두 아이의 어머니)

"제가 책을 읽어 주는 이유는 제 자신이 그걸 즐기기 때문이에요."(엘리샤 오브라이언, 세 아들의 어머니)

그리고 교사와 사서들은 학생들에게 책을 읽어 주는 이유를 다음과 같이 말한다.

"좋은 책을 읽으면 마음도, 가슴도 채워져요. 편안하게 이야기를 들을 때 아이들은 마음을 빼앗기죠. 듣는 사람들의 성향을 잘 파악해서 어떤 책이 그들을 사로잡을지 판단해야 해요. 선택할 책은 무궁무진하죠. 아이들이 가슴 아픈 순간에 함께 공감할 때, 그것이 다리가 되어 같은 감정을 느끼는 모든 사람이 하나로 이어지기 시작하죠."(다이앤 크로포드, 초등학교 사서)

"제가 책을 읽어 주는 이유는

• 학생들을 한데 뭉치게 하기 위해서예요. 같은 이야기를 듣고 그것을 삶과 학습과 연관시킬 때 우리는 하나가 되죠.

• 학생들의 읽기 지도를 하는 데 중요한 역할을 하기 때문이에요. 저는 이 수업을 미리 계획하지 않지만, 책에 나오는 대화로 익힐 수 있는 독해 기술이 많아요.

• 표현력 있게 읽는 법을 보여 주기 위해서예요. 아이들이 듣고 모방할 수 있도록 말이죠.

• 아이들에게 어떻게 읽는지 보여 주기 위해서예요. 이해가 되지 않을 때는 앞으로 돌아가 다시 읽는 과정을 보여 줄 수 있어요.

• 글쓰기를 가르치기 위해서예요. 제가 책을 읽어 줄 때 우리는 작가가 어떻게 한 장을 시작하고, 의도적인 대화를 구성하며, 흥미로운 언어를 채용하고, 아이디어를 다듬는지를 관찰하면서 이런 글쓰기 기술을 칭송하지요.

• 다른 관점을 제시하기 위해서예요. 책은 아이들에게 다양한 성격과 사람, 장소를 소개하지요. 그리고 아이들이 자신과 닮았거나, 비슷한

상황이나 문제를 겪고 있는 누군가에 관해 읽을 수 있는 거울을 제공하기도 하죠.

- 책에 '감사'하기 위해서예요. 책을 읽어 줄 때 우리는 아이들에게 그 책이 읽을 가치가 있음을 알려주게 되죠.
- 순수하게 즐기기 위해서예요! 책 읽어 주는 시간은 하루 중 제가 가장 좋아하는 시간이에요."(메건 슬론, 초등학교 3학년 교사)

"저에게 책읽어주기는 학생들과의 중요한 연결고리이자 관계를 형성하는 최상의 도구이며, 제가 학생들에게 해줄 수 있는 참여와 보살핌의 최고의 모델입니다. 대상이 중학교 2학년생이든 대학생이든 시간을 내서 책을 읽어 주는 일은 의식적인 선택 즉 신중한 결정이죠. 그리고 제가 읽는다는 사실은 제가 읽기로 선택한 책만큼이나 중요해요. 책읽어주기를 시작한 첫날 저는 '나에게 책을 읽어 주는 것은 시험이다. 당신에게 책을 읽어 주는 것은 선물이다'라는 작가 캐서린 패터슨의 말을 들려줬어요. 그러고 나서 이렇게 덧붙였죠. '책읽어주기는 여러분에게 주는 내 선물이에요.' 책을 읽어 줌으로써 저는 학생들이 삶의 속도를 늦추고, 교실 밖에서 일어나는 일을 덮어 두며, 안으로 들어와 이 이야기 선물에 몸을 내맡길 기회를 주고 있어요."(낸시 존슨, 중학교 교사이자 대학 교육자)

이 부모와 교사, 사서들은 책읽어주기에 열정을 갖고 있다. 이들은 책읽어주기가 아이들의 읽기 능력뿐만 아니라 이야기와 삶을 연결하는 능력, 자신과 서로를, 그리고 주변 세계를 다르게 바라보는 능력에도 영향을 미친다는 것을 눈으로 보고 느낀다.

읽기는 **학습**의 기초이자 해결책의 **핵심**이다

1983년 미국 교육부의 재정 지원으로 읽기위원회Commission on Reading가 결성되었다. 학교 교육 과정의 거의 모든 것이 읽기에 기초를 두고 있기 때문에, 위원회는 읽기가 문제의 중심에 있는 동시에 해결책의 핵심이라는 데 의견 일치를 보았다.

위원회는 지난 4반세기 동안 행해진 수천 건의 연구 프로젝트를 2년간 검토했고, 이 연구들을 종합해 1985년에 〈책 읽는 국가 만들기Becoming a Nation of Readers〉라는 보고서를 발간했다. 이 보고서는 다음의 단순한 두 가지 주장을 힘차게 선언하고 있다. 즉 아이의 읽기 능력을 키우는 최선의 방법은 어릴 때부터 소리 내어 책을 읽어 주는 것이고, 이는 전 학년을 통틀어 지속적으로 이루어져야 한다는 것이다. 위원회는 가정은 물론 교실에서 소리 내어 책을 읽어 주는 것이 매우 중요하다는 점을 뒷받침하는 결정적인 증거들을 확보하게 되었다.

전문가들은 아이들에게 책을 읽어 주는 것이 낱말 카드나 학습지, 과제, 시험, 독후감보다 훨씬 더, 그리고 '가장 중요한 방법'이라고 지적했다. 가장 값싸고, 단순하며, 오래된 방법이 가정과 교실에서 다른 어떤 것보다 훌륭한 교육 도구임이 판명된 것이다. 30년 전 발표된 이 연구 결과가 오늘날에도 여전히 유효하다는 것은 흥미로운 일이다.

유아기부터 시작하는 것이 가장 좋지만, 나이가 더 들어서도 학교 안에서든 밖에서든 아이에게 책을 읽어 주는 것은 위원회가 전 국민에게 권장하는 일이다. 독서욕의 씨를 뿌리기 위해서이다.

스콜라스틱이 조사하고 발표한 〈아동과 가족 읽기 보고서The Kids & Family Reaing Report〉는 다음과 같이 이 위원회의 결과와 다르지 않다. 즉 "아이들을 건강하고 안전하게 돌보는 일 외에 부모들이 할 수 있는 가장 중요한 일 하나는 아이들에게 책을 읽어 주는 것이다." 이 보고서는 또한 아이들이 혼자 읽기 시작한 후에도 계속 책을 읽어 줄 것을 권한다.

학교에서는 교사들이 책을 읽어 주면 아이들이 이야기를 더 깊이 이해하고 해석하며, 텍스트를 주도적으로 이해하려고 하고, 생각하는 법을 배우게 되어 혼자서 읽기 시작할 때 이 일이 저절로 이루어지게 된다. 연구에 따르면, 아이들이 초등학교 수준에 이르면 같은 그림책을 반복해서(최소한 3회) 읽는 일이 15~40% 증가하고, 이렇게 익힌 내용은 머릿속에 상대적으로 오래 남는다.

50년 역사를 지닌 경제협력개발기구OECD는 산업국가들의 협력 단체로, 회원국들이 교육을 포함해 현대가 요구하는 성장을 이루어나갈 수 있도록 돕는다. 10여 년 동안 OECD는 16세 아동 수십만 명에게 다양한 교과 과목의 시험을 보이고 국가 간 점수를 비교했다. 또한 OECD는 이 시험에 응시한 학생 5천 명의 학부모들을 면담해 자녀에게 책을 읽어 준 적이 있는지, 있다면 얼마나 자주 읽어주었는지 물었다. 국제학업성취도평가PISA의 아동 읽기 점수와 비교했을 때, 학부모들의 대답은 다음과 같은 강력한 상관관계를 보였다. 즉 어린 시절에 부모가 책을 많이 읽어 준 아이일수록 읽기 점수가 더 높았고, 때로는 학교 교육 0.5년에 해당하는 효과가 있었다. 그리고 이 결과는 가정의 소득과는 별 연관성이 없었다.

책읽어주기만큼
단순하고 **효과적인** 방법이 있을까

벽돌이 집을 짓는 기초 자재라면, 단어는 학습의 기초 구조이다. 사람의 뇌 속에 단어를 심는 길은 두 가지가 있다. '눈'을 통하거나 '귀'를 통하는 길이다. 아이가 태어나서 눈으로 책을 읽게 되기까지는 적어도 수년이 지나야 하므로, 어휘와 두뇌 훈련을 하기에 가장 빠른 길은 당연히 귀가 될 수밖에 없다. 우리가 귀를 통해 들려주는 소리는 아이의 머릿속 '생각의 집'을 건설하는 튼튼한 기초가 된다. 귀를 통해 들은 의미 있는 소리는 나중에 아이가 글을 배워 눈을 통해 글자를 보게 될 때 이해하기 쉽게 도와준다.

우리는 아이와 대화할 때와 같은 이유에서 책을 읽어 준다. 아이를 안심시키고, 즐겁게 해주며, 결속을 다지고, 정보를 전하거나 설명하며, 호기심을 자극하고, 영감을 불어넣기 위한 것이다. 그러나 무엇보다 중요한 이유는 다음과 같은 책읽어주기만의 장점 때문이다.

- 어휘력을 키워 준다.
- 책읽기와 즐거움을 연관시키게 된다.
- 배경 지식을 쌓아 준다.
- 책읽기의 모범을 보여 준다.
- 읽고 싶은 욕구를 불어넣어 준다.

먼저, 책을 읽어 주면 어떻게 아이들의 어휘가 풍부해지는지 살펴보자. 책을 읽어 주는 동안 아이는 다양한 어휘와 문장을 접하면서 읽기 능력이 눈에 띄게 발전한다. 아이들이 이야기를 통해 듣는 단어는 대개 가족이나 친구들과 대화하면서 듣는 단어가 아니다.

대화는 어휘가 자라는 주요 토양이지만, 이는 가정에 따라 편차가 크다. 캔자스대학의 베티 하트와 토드 리슬리 박사의 연구는 이런 사실을 극명하게 보여 준다. 〈어린이들의 일상 경험 속에 나타나는 유의미한 차이점Meaningful Differences in the Everyday Experience of Young American Children〉이라는 제목으로 발표된 이 연구는, 하트와 리슬리가 대학 연구소 부설 유치원의 다섯 살배기 또래들을 관찰하면서 시작되었다. 많은 아이에게는 이미 선이 그어져 있었다. 어떤 아이는 한참 앞서 있는 반면, 어떤 아이는 많이 뒤처져 있었다. 이에 연구진은 같은 아이들을 네 살 때와 열 살 때 각각 테스트했는데, 시간이 지나도 그 차이는 변하지 않았다. 도대체 무엇이 그토록 일찍 차이를 만들어 낼까?

연구진은 다시 전문직과 근로자, 생활보호대상자의 세 사회경제 계층을 대표하는 42개 가정을 선별했다. 그들은 한 달에 한 번, 한 시간씩 각 가정을 방문했다. 그들은 아이들이 생후 7개월 때부터 이후 2년 반 동안 지속적으로 가정을 방문했는데, 그때마다 아이들 앞에서 오고가는 대화를 녹취하고 행동을 기록했다.

연구진은 1,300시간의 방문에서 얻은 23메가바이트의 정보를 프로젝트 데이터베이스에 저장하고, 대화에서 사용된 모든 단어(명사 · 동사 · 형용사 등)를 분류했다. 이 프로젝트의 첫 번째 결과는, 놀랍게도 모든 가정에서 아이들에게 같은 말과 행동을 하고 있다는 사실이었다. 다시 말해, 사회경제적 지위와 무관하게 좋은 부모가 되고자 하는 본능은 모두 같았다는 것이다.

그후 연구진은 데이터 출력물을 분석함으로써 42개 가정 사이의 '의미 있는 차이점'을 발견했다. 각 계층별로 매일 사용하는 단어 수를 4년을 기준으로 계산했을 때 전문직 가정의 다섯 살 난 아이는 4,500만 단어를, 근로자 가정의 아이는 2,600만 단어를, 그리고 생활보호대상자 가정의 아이는 불과 1,300만 단어를 들은 것이다.

이 세 아이는 같은 날 유치원에 입학하겠지만, 이 중 한 아이는 3,200만 단어는 들어 본 적이 없는 상태일 것이다. 이 뒤쳐진 아이를 교사가 1년 안에 따라잡게 해주려면 초당 10단어씩 900시간을 들려주어야 한다. 이는 분명 불가능한 일이다.

이런 종류의 연구가 시사하는 바는, 아이들이 자라면서 차이가 생기는 것은 집 안의 장난감이 아니라 그들의 머릿속에 들어 있는 단어 때문이라는 것이다. 아이를 안아 주는 것 말고 우리가 아이에게 가장 값싸게 줄 수 있는 것(단어)이 가장 귀한 것으로 밝혀졌다. 아이와의 대화에는 직장도, 은행 잔고도, 대학 졸업장도 필요하지 않다. 누군가 나에게 모든 부모에게 권하고 싶은 연구보고서를 하나만 고르라면, 나는 주저 없이 〈어린이들의 일상 경험 속에 나타나는 유의미한 차이점〉을 선택할 것이다.

어휘력을 기르는 데는 대화보다 **읽기**가 유리하다

아이와의 대화가 중요한 이유는 어휘를 늘리고, 문장 구조를 익히며, 다른 사람들과 대화할 수 있는 능력을 습득할 수 있기 때문이다. 하지만 대화로 충분할까? 하트와 리슬리의 연구에 참여한 42명의 아이는 5세까지 습득한 어휘 수준이 다양했다. 즉 전문직 가정의 아이가 1,100단어의 어휘를 사용하는 데 비해, 생활보호 대상자 가정의 아이는 525단어를 사용했다. 이와 유사하게 지능지수IQ는 117 대 79였다.

사회학자인 조지 파카스와 커트 베론은 4세에서 13세 사이의 아동 6,800명을 연구한 자료를 검토했다. 그들은 사회경제적 지위가 낮은 가정의 아이들이 더 낮은 어휘력을(12~14개월 뒤처지는) 지닌 채 초등학교에 입학할 가능성이 훨씬 크고, 나이가 들면서도 이 격차를 거의 메우지 못한다는 점을 발견했다.

대부분의 대화는, 어른 아이 할 것 없이, 일상적으로 사용하는 5천 단어로 이루어지며, 이를 '기본 어휘'라고 한다(실제로 아이와 나누는 대화의 83%는 1천 단어 내에서 이루어지며, 이는 아이의 나이와는 무관하다). 그리고 이따금 사용하는 또 다른 5천 단어가 있는데, 이 둘을 합친 1만 단어를 '공통 어휘'라고 한다. 이 1만 개 단어를 넘어서는 '희귀 단어'가 존재하는데, 이것이 성장 과정의 읽기에서 결정적인 역할을 한다. 어휘력의 궁극적인 힘은 1만 개의 공통 단어에 의해 결정되는 게 아니라 얼마나 많은 희귀 단어를 이해하는지에 달려 있다.

이 희귀 단어를 대화에 사용하지 않는다면 어디에 쓰는 것일

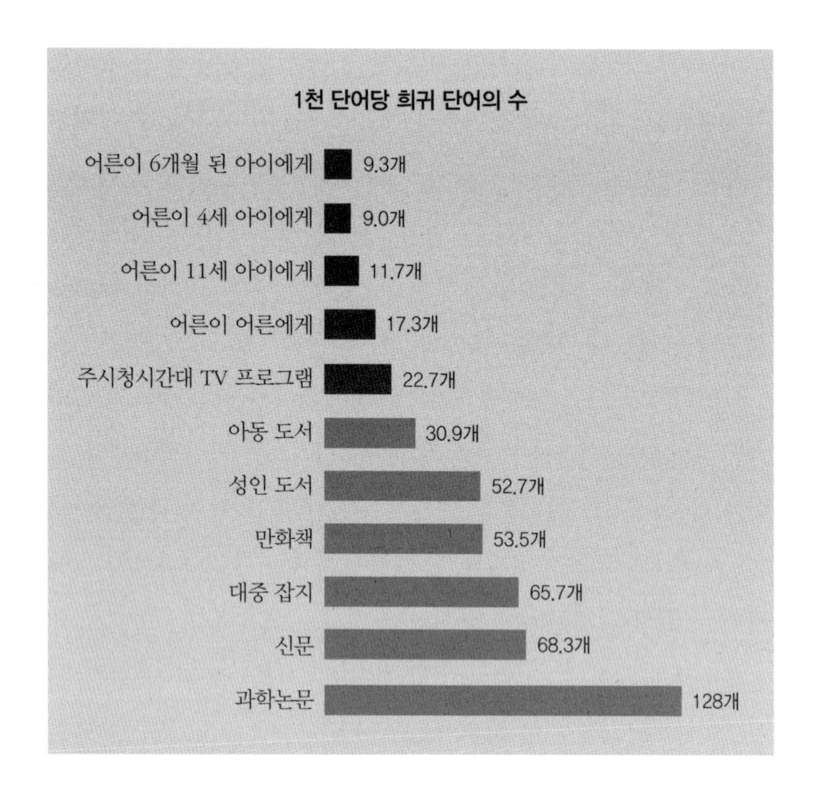

까? 위의 그래프는 인쇄된 글이 얼마나 많은 희귀 단어를 포함하고 있는지를 보여 준다. 어른이 네 살짜리 아이와 대화할 때 1천 단어당 9개의 희귀 단어를 사용하는 데 반해, 아동 도서에는 그 3배가 쓰이고, 신문에는 7배가 쓰인다. 그림책은 내용이 간단해 보여도 평균적으로 부모와 아이가 나누는 대화보다 희귀 단어가 70% 정도 더 많다. 아이의 어휘력을 키우고 싶다면 책을 읽어주어야 한다.

그래프에서 보듯이, 희귀 단어의 수는 인쇄물이 월등하다. 이는 집에서 오랜 시간 TV를 보고, 대화 시간이 부족하며, 인쇄물을 접할 기회가 적은 가정의 아이들에게 매우 심각한 문제가 된다. 이런 아이들은 학습에 필요한 읽기가 어려울 정도로 심한 어휘 부족 현상을 겪게 된다. 그런데 문제는 이 격차가 수백 시간의 특별 교육 프로그램을 통해서도 쉽사리 좁혀지지 않는다는 것이다.

듣기는
말하기 · 읽기 · 쓰기의 **원천**이다

비유를 해보자. 아이의 뇌 속에는 '듣기 어휘'라는 거대한 저수지가 있다. 이를 아이가 가진 폰차트리엔 호수라고 말할 수 있다. 허리케인 카트리나로 범람한 뉴올리언스 외곽의 유명한 강어귀에 있는 호수이다. 엄청난 물이 제방을 무너뜨려 뉴올리언스를 덮치는 참사가 일어났다. 우리는 비극적이지 않은 방식으로 이와 같은 일이 일어나기를 바란다. 이번에는 긍정적 여파가 아이의 뇌 속 제방을 무너뜨릴 것이다.

첫 번째 제방은 '말하기 어휘'일 것이다. 아이의 듣기 어휘 풀에 충분한 단어를 쏟아 부으면, 단어가 넘쳐나서 말하기 어휘 풀이 채워질 것이다. 그때 아이는 들은 단어를 말하기 시작한다. 한 번도 듣지 못한 단어를 아이가 말할 가능성은 거의 없다. 10억 명이 넘는 사람들이 중국어로 말한다. 하지만 왜 우리는 그렇지 못할까? 중국어를 충분히 듣지 못했기 때문이다. 특히 어린 시절에 말이다. 다음 제방은 '읽기 어휘'이다. 한 번도 말하지 않은 단어를 문자로 이해하는 것은 거의 불가능하다. 마지막은 '쓰기 어휘'이다. 아이가 말하지도 읽지도 않은 단어를 도대체 어떻게 쓸 수 있을까? 모든 언어 능력은 듣기 어휘에서 흘러나오고, 이 어휘는 아이 외의 누군가가 채워넣어야 한다.

아이에게 책을 읽어 주는 것은 아이의 귀(그리고 뇌)에 단어를 형성하는 소리(음)와 음절, 어미, 연음을 쏟아 부음으로써 언젠가 그 단어를 읽게 될 때 그것을 쉽게 이해하게 도와주는 것이다. 그리고 이야기를 통해 고래나 기관차, 열대 우림과 같은 아이가 주변에서 경험할 수 없는 것들을 이해하는 데 필요한 배경 지식을 채워 넣는 것이다.

학교에 들어갈 때 아이가 이해하는 단어의 개수는 이후 학교생활의 성패를 가늠하는 중요한 기준이 되기 때문에 입학 전에 어휘력을 키우는 일은 매우 중요하다. 물론 새로운 단어를 배우기 위해 학교에 들어가는 것이지만, 아이가 이미 알고 있는 단어들은 교사의 말을 얼마나 이해할 수 있는지를 결정한다. 학교에서의 첫 4년 동안은 대부분의 수업이 말로 이루어지기 때문에 어휘가 가장 풍부한 아이가 가장 많이 이해할 것이고, 반면에 어휘가 가장 빈약한 아이는 최소의 것을 이해하기도 힘들 것이다.

일단 읽기 시작하면 개인의 어휘력에 따라 이해력이 높아지기도 하고 좌절감을 느끼게 되기도 하는데, 학년이 올라갈수록 교과 내용이 점점 더 복잡해지기 때문이다. 따라서 입학 초기의 어휘력 수준이 이후의 성취를 가늠하는 기준이 되는 것이다.

학년이 올라가면서
책읽기의 **경이로움**은 사라진다

내가 1학년을 가르치던 시절, 등교 첫날 우리 반 학생들은 책을 읽는다는 사실에 마음을 설레며 교실에 들어왔다. 어떤 아이들은 이미 책을 읽을 줄 알았는데, 대개는 부모가 책을 읽어 준 덕분일 수 있다. 또 어떤 아이들은 글자의 소리를 아는 정도의 초보적인 읽기 능력을 지니고 있었다. 하지만 몇몇 아이는 자기 이름을 쓰는 것도 버거워하거나 알파벳을 완전히 깨치지 못하고 있었다. 학생들의 읽기 수준에 상관없이 첫날부터 1학년 내내 모든 아이가 내가 읽어 주는 이야기에 빠져 있었다. 당시에 나는 읽는 법을 배우고 익힌다는 목적하에 그 기반을 다지는 중이었다.

애석하게도 학년이 올라가면서 아이들은 책읽기의 경이로움을 빼앗기는 것 같다. 초등학교 고학년, 중학교, 고등학교 교실에서 교사가 책을 읽어 주는 일은 거의 사라진다. 아이들은 책을 읽고 컴퓨터 퀴즈에 답해야 한다. 우리는 엑설레이티드 리더Accelerated

Reader 책읽기를 통한 사고력 증진과 좋은 글쓰기의 초석을 다지기 위한 목적으로 르네상스러닝사에서 개발한 프로그램. 현재 미국 내 절반 이상의 학교가 정규 수업 과목으로 채택해 사용하고 있다__옮긴이 같은 프로그램을 사용하기 위해 책의 레벨을 정하고, 결과적으로 아이들의 읽기 능력에 따라 '등급'을 매기거나 꼬리표를 붙인다. 이는 아이들이 책을 읽도록 북돋는 데 거의 도움이 되지 않는다. 특히 읽기를 힘겨워하는 아이들에게는 더욱 그렇다. 많은 학교에서 혼자 읽기는 제한적으로 이루어지거나 사라졌다. 때로 학생들이 1년에 여러 번 시험을 봐야 한다는 사실은 뭔가를 해야 한다는 것을 의미한다. 그 뭔가는 교사가 학생들에게 책을 읽어 주는 것이다.

국가교육평가원NAEP(미국의 성적표로 알려진)과 그 밖의 연구들에서 학년이 올라가면서 책읽기에 대한 학생들의 태도가 변한다고 나타나는 것은 놀라운 일이 아니다.

- 초등학교 4학년 여학생의 40%와 남학생의 29%는 책읽기에 긍정적인 생각을 보였지만, 중학교 2학년에서는 여학생은 35%, 남학생은 19%로 떨어졌다. 고등학교 3학년에서는 여학생의 경우 같은 비율을 유지한 반면, 남학생의 경우 20%로 높아졌다.
- 9세에서 19세 아동을 대상으로 한 카이저패밀리재단Kaiser Family Foundation의 장기 연구에서는 특정일을 기준으로 53%

는 책을 읽지 않고, 65%는 잡지를 읽지 않으며, 77%는 신문을 읽지 않는다고 밝혀졌다.

- 2017년 노동통계국 조사에서 16세에서 20세 사이의 청소년(고등학생과 대학생들이 주가 된)은 재미로 책을 읽는 시간이 하루 8분인 데 반해, TV를 보는 시간은 2시간, 게임을 하거나 컴퓨터를 하는 시간은 1시간이라고 응답했다.

어린 시절의 통계가 성인기에 어떻게 반영되는지 살펴보자. 국립예술기금NEA은 1982년부터 성인의 읽기 습관을 조사해 왔다. 2016년 NEA는 모든 연령과 성별, 인종, 교육 분야에서 성인의 문학 독서율이 지속적으로 줄어들고 있다고 보고했다. 2002년에는 성인의 46.7%만이 지난해에 한 권의 소설이라도 읽었다고 응답했고, 2015년에는 이 비율이 43.1%로 떨어졌다. 부모들의 읽기 습관과 행동은 아이들에게도 영향을 미치는 것으로 보인다. 부모들이 즐거움을 위해 책을 읽을 때, 아이들도 똑같이 따라하고 싶은 욕구를 느끼게 된다.

읽기 **생활**에는 두 가지 **원칙**이 있다

책읽기에 대한 부정적 태도는 학생들이 저마다 습득한 기술을 전체 단락과 페이지에 적용해야 하는 4학년 때부터 시작된다. 이 시기는 진 샬의 연구에서 처음 사용하면서 유명해진 '4학년 슬럼프'라고도 불린다. 이 시기에 아이들은 학교에서 책을 좋아하는 아이와 책읽기를 힘들어하거나 보습이 필요한 아이로 갈린다.

그런데 아주 분명한 것은, 그런 아이들이 책읽기를 싫어하는 이유가 배우거나 접한 기본적인 읽기 방식이 너무 지루하고 즐겁지 않아서라면, 그들은 교실 밖에서는 절대 책을 읽지 않을 거라는 사실이다. 아이들은 대부분의 시간(1년에 7,800시간)을 학교 밖에서 보내므로 이 시간에 책을 자주 읽어 읽기에 능숙해져야 한다. 그러지 않으면 뒤처질 것이다. 교실 밖에서 책을 읽지 않으면 교실 안에서 좋은 점수를 얻을 수 없다.

많은 교육 단체조차 무시해 온 것이지만 여전히 중요한 두 가지 '읽기 생활의 원칙'이 있다. 이 두 원칙이 함께 밀어주고 당겨주지 않으면 다른 시도는 사상누각이 되기 쉽다.

첫 번째 원칙은 '인간은 즐거움을 추구한다'는 것이다. 인간은 즐거움을 주는 일은 시키지 않아도 자발적으로 반복한다. 우리는 좋아하는 음식점에 가고, 좋아하는 음식을 주문하며, 좋아하는 음악을 듣고, 좋아하는 친척을 찾아간다. 반면 우리는 싫어하는 음식이나 음악, 친척은 피한다. 이론이랄 것도 없이 이는 생리적인 사실이다. 우리는 즐거움을 주는 것에 다가가고 불쾌감이나 고통을 주는 것으로부터 물러난다.

아이에게 책을 읽어 줄 때마다 우리는 즐거움의 메시지를 아이의 뇌에 보내는 것이다. 책읽어주기는 책과 인쇄물을 즐거움과 연관시키도록 아이를 길들이는 광고 방송이라고 할 수 있다. 그러나 불행히도 지금의 아이들에게 읽기와 학교는 불쾌감과 연관되어 있다. 학습의 경험은 지루하고 지겹고 강제적이며, 의미를 주지 못한다. 끝없는 학습지 풀기와 되풀이되는 받아쓰기, 관심사와는 아무 관련 없는 시험 문제들. 책을 즐겁게 접할 기회도 없이 이처럼 불쾌감만을 느낀다면, 아이가 책을 싫어하게 되는 것은 시간문제일 뿐이다. 아동문학가 닐 게이먼이 주장했듯이 "글을 잘 읽고 쓰는 아이로 키우는 가장 간단한 방법은 아이들이 책을 읽도록 가르치고, 읽기가 즐거운 활동이라는 것을 보여 주는 것이다."

두 번째 원칙은 '읽기는 습득되는 기술이다'라는 것이다. 이는 읽기가 자전거 타기나 운전하기, 바느질하기와 같다는 말이다. 잘하려면 많이 해야 한다. 30년 이상의 읽기에 관한 연구를 살펴보더라도 성별과 인종, 국적, 사회경제적 배경과 상관없이 이 단순한 공식이 똑같이 적용된다는 것을 확인할 수 있다. 가장 많이 읽는 아이가 가장 잘 읽고, 최고의 성취를 이룬다.

반대로 많이 읽지 않는 아이는 잘 읽을 수 없다. 왜 아이들은 더 많이 읽지 않을까? 읽기 생활의 첫 번째 원칙 때문이다. 학교에서 불쾌한 메시지를 수없이 받는데다 가정에서도 즐거운 메시지를 받지 못하므로 책에 대한 매력이 제로에 가까운 것이다. 다음 질문에 대한 대답에 이 모든 가설에 대한 충분한 증거가 있다.

많이 읽을수록
잘 **읽게** 된다

정확히 어떻게 해야 잘 읽게 될까? 이는 다음의 단순한 두 개의 공식으로 정리된다.

- 많이 읽을수록 잘 읽게 되고, 잘 읽으면 읽기를 더 좋아하게 되며, 더 좋아하면 더 많이 읽게 된다.
- 많이 읽을수록 더 많이 알게 되고, 많이 알게 되면 더 똑똑하게 자란다.

1992년의 획기적 연구인 〈세계의 학생들은 어떻게 읽는가? How in the World Do Students Read?〉에서 워윅 엘리는 읽기 성적을 높이는 요인으로 다음의 두 가지를 꼽았다.

- 교사가 아이들에게 얼마나 책을 읽어 주는가?
- 아이들이 학교에서 혼자 읽는 책이 얼마나 되는가?

이 두 가지 요인은 앞에서 말한 읽기 생활의 원칙을 담고 있다.

책을 읽어 주는 것은 아이가 혼자서도 읽고 싶어하게 하는 동시에, 아이의 듣기 능력에 양분을 주어 읽기의 기초를 다지는 일이다. 2001년에 4학년생 15만 명을 대상으로 한 국제 조사에서 연구진은 가정에서 책을 '자주' 읽어 준 아이들이 '가끔' 읽어 준 아이들에 비해 점수가 30점이나 높은 사실을 발견했다. 그것은 아이들에게 자주 책을 읽어 줄수록 아이들은 더 많은 단어를 듣고 더 많은 단어를 이해하게 되어 더 수월하게 즐거운 독서를 할 수 있기 때문이었다.

파닉스가 **도움**이 될까

아이들의 읽기에서 파닉스의 중요성을 검증한 연구가 있다. 읽기의 원리를 파악한 아이들, 즉 단어는 소리로 구성되며 음절로 나눌 수 있다는 것을 아는 아이들은 유리하다. 미 교육부가 유아들을 대상으로 장기 연구를 진행한 결과, 일주일에 적어도 세 번 책을 읽어 준 아이들은 유치원에 들어갔을 때 읽어 준 횟수가 적은 아이들보다 음소음절의 최소 단위__옮긴이를 식별하는 능력이 상당히 앞서는 것으로 나타났다. 책을 자주 읽어 준 아이들은 읽기 점수에서 상위 25%에 속할 가능성이 두 배 가까이 높았다.

파닉스가 해줄 수 없는 것은 동기부여이다. 의사와 코치 등에게

부모가 매일 책을 읽어 준 유치원생의 비율과 사회경제적 지위(SES)

SES	비율
높은 SES	62
	46
	41
	39
낮은 SES	36

동기부여가 중요하냐고 묻는다면, 그들은 입을 모아 그렇다고 말할 것이다. 연구자들은 학생들의 읽기 동기를 높일 수 있는 교수법을 알아냈지만, 입시라는 교육적 책임을 강조하는 현실이 이를 방해하고 있다. "아이들의 흥미를 자극하려는 시도를 거의 하지 않는 데다 내용마저 따분한 수업은 내재적 동기를 죽일 수 있다."

어린이와 성인의 읽기 동기를 자극하는 요소는 (1)책읽기를 좋아하고, (2)책의 주제에 흥미를 느끼며, (3)책을 많이 읽는 사람들의 안내를 반기고 따르는 것이다.

배경 지식을 얻는 최선의 길은 책을 읽거나 **듣는** 것이다

배경 지식을 이해하는 가장 쉬운 방법은 다음 두 단락을 읽고 각 단락을 이해하는 데 차이가 있는지 확인하는 것이다.

1. 그러나 3차전에서 사흘 전 투구한 사바티아는 선두 타자인 오스틴 잭슨의 배트가 부러지면서 2루타를 내줬다. 그는 다음 두 타자를 3진으로 잡은 다음 1루가 빈 상태에서 미구엘 카브레라를 고의사구로 내보냈다.
2. 칼리스와 로데스는 84점을 득점했지만, 로데스가 리펠의 공을 잡아당겨 딥 스퀘어 레그 위치의 베븐에게 아웃되며 공수가 교체되었다. 마크 워는 8오버의 공격 기회를 통해 37점밖에 득점하지 못하고 아웃되었다. 공격팀이 7점 이상을 득점해야 하는 상황에서 맥그래스는 여전히 타석에 있고 워네에게는 2오버의 공격 기회가 남아 있었다.

당신은 아마 2011년 야구경기의 신문기사인 첫 번째 단락을 이해하기가 더 쉬웠을 것이다. 두 번째 단락은 1999년 세계크리켓 선수권대회를 다룬 신문기사에서 발췌한 것이다. 이 글에 당혹감을 느끼는 이유는, 이 주제나 관련 어휘를 잘 모를수록 더 천천히 읽어야 하고 내용 파악이 더 어려워져서 이해도가 떨어지기 때문이다. 이 단락을 '소리 내어 읽어 봐도' 별 도움이 되지 않았을 것이다.

배경 지식을 얻은 아이들은 배움의 책상에 상당량의 정보를 가지고 온다. 이런 배경 지식은 박물관과 동물원을 견학하거나, 유적지를 방문하거나, 해외를 여행하거나, 외딴 지역에서 캠핑할 때 습득된다. 빈곤한 환경 탓에 여행 경험이 풍부하지 못한 아이가 배경 지식을 얻는 가장 좋은 방법은 책을 읽거나 읽어 주는 내용을 듣는 것이다(교육용 TV 프로그램이 도움이 될 수 있지만, 위험에 처한 아이들은 대부분 성인의 지도하에 이런 프로그램을 접하는 일이 드물다).

위험에 처한 학생들의 배경 지식은 '아동낙오방지법'으로 더 큰 타격을 입었다. 71%의 교육구가 이 과정에서 미술과 음악, 과학, 언어 같은 과목을 없애고 수학과 읽기만 남겨 둔 것이다.

배경 지식의 부족은 아이의 학교생활 초기에 드러난다. 장기 유치원 연구에서 연구자들은 교육과 소득 수준이 최하위권인 가정의 어린이 중 50% 이상이 배경 지식 점수에서 하위 25%를 차지했다는 사실을 발견했다. 빈곤이 학습장애물로써 다시 한 번 그 추한 머리를 쳐든 것이다.

책읽어주기와 어휘력, **두뇌의 노화** 사이에는 어떤 **연관**이 있을까

책읽어주기에 대한 예화 가운데 다음에 소개하는 이야기는 그 중 특별하다. 1990년대 중반 켄터키의료센터의 한 사무실에서 두 남자와 한 여자가 담소를 나누고 있었다. 한 남자는 역학자이고,

다른 남자는 신경과 전문의이며, 여자는 언어심리학자였다. 이들은 모두 알츠하이머에 관한 가장 획기적인 연구가 될 프로젝트에 참여하고 있었다. 이들 중 두 사람은 수녀들을 연구했는데, 그들은 정기적인 정신과 검사와 사후 두뇌 검시에 동의하고 모든 의료 기록을 연구자들에게 넘겼다. 그 사후 두뇌 검시는 수녀들이 스물두 살 무렵에 쓴 자전적 에세이와 명백한 연관성을 보여 주었다. 즉 그들 중 가장 압축적인 문장을 구사한 사람들은 알츠하이머에 걸린 확률이 현저히 낮았다. 간단히 말하면, 젊을 때 더 많은 어휘를 구사하고 더 복잡한 사고 과정을 거친 사람일수록 알츠하이머에 걸릴 확률이 낮아지는 것이다.

젊은 시절에 쌓은 풍부한 어휘력과 치밀한 사고력이 알츠하이머의 예방책이 될 수 있을까? 세 사람이 이 주제를 놓고 논의하는 중에 세 아이의 아버지이며 신경과 전문의인 빌 마크스베리가 언어심리학자인 수잔 켐퍼에게 뜬금없이 물었다. "그럼 우리 아이들을 위해 무엇을 해야 할까요?"

이 연구에 대한 흥미로운 책 《우아한 노년Aging with Grace》의 저자이며 역학자인 데이비드 스노든은 그 다음 이야기를 이렇게 기술한다.

그 질문에 긴장이 풀리고 말았다. 하지만 빌의 얼굴을 보면서 나는 그가 과학자가 아닌 아버지로서 말하고 있다는 것을 깨달았다. 빌은 성장한 세 딸의 아버지였고, 아내 바바라와 함께 부모로서 바른 일을 해주었는지 알고 싶어하는 것이 분명했다.

"아이에게 책을 읽어 주세요." 수잔이 대답했다. "아주 간단해요. 그건 부모가 자녀에게 해줄 수 있는 가장 중요한 일이에요."

사고의 밀도는 두 가지 중요한 학습된 기술 즉 어휘력과 이해력에 달려 있다고 수잔은 설명했다. "어휘력과 이해력을 키우는 최선의 길은 아주 어릴 때부터 아이에게 책을 읽어 주는 거예요." 수잔은 단언했다.

나는 빌의 얼굴에서 안도의 표정을 보았다. "바바라와 나는 우리 아이들에게 매일 밤 책을 읽어 주었어." 그가 의기양양하게 말했다.

연구 결과가 발표되고 수년 동안 나는 마크스베리와 같은 질문을 여러 차례 받았다. 아기에게 모차르트를 들려주어야 하는지, 비싼 교육용 완구를 사주어야 하는지, 아니면 TV를 못 보게 해야 하는지, 그것도 아니면 컴퓨터를 일찍 가르쳐야 하는지 부모들은 종종 내게 물어 온다. 나는 수잔 켐퍼가 빌 마크스베리에게 해준 간단한 대답을 들려준다.

"아이에게 책을 읽어 주세요."

02

언제부터 언제까지 읽어주어야 하나

"아빠는 도끼를 들고 어디 가시는 거예요?"
아침 식탁 차리는 엄마를 거들며 펀이 물었다.

E. B. 화이트, 《샬롯의 거미줄》

"몇 살 때부터 책을 읽어주어야 하나요?" 부모들이 가장 자주 하는 질문이다. 그 다음으로 하는 질문은 "몇 살 때까지 읽어 주어야 할까요?"이다.

첫 번째 질문에 대한 대답은 쉽다. 세상에 갓 나온 아기를 품에 안을 때 엄마는 자연스럽게 이렇게 속삭인다. "사랑해, 아가야! 넌 세상에서 가장 예쁜 아이야!" 아기가 한마디도 알아듣지 못하는 줄 알면서도 조금의 주저함도 없이 길고 복잡한 말을 쏟아놓는다. 아기가 3개월이나 6개월이 될 때까지 기다리지 않는다. 그러면서도 책을 읽어 줄 생각은 하지 못한다. 그때부터 불행이 시작될 수도 있다. 아이에게 말을 건넬 수 있다면, 책도 읽어 줄 수 있다.

아기의 생후 6개월간은 부모의 목소리와 그림책을 '이해하게'

하는 시기가 아닌 '익숙하게' 하는 시기이다. 보스턴의 아동발달 전문의인 베리 브라젤턴 박사는, 이 시기 부모의 가장 중요한 과제는 부모가 정보를 건넬 때 아기가 귀를 기울이게 하는 것이라고 말한다. 이는 신입생을 맞을 때 담임교사가 해야 할 일과 거의 같은 것이다.

아기는 기억한다

전해오는 이야기에 따르면 첼리스트 파블로 카잘스는 연습도 없이 악보를 보자마자 연주하기 시작했으며, 곧 악보를 읽지 않고도 다음에 나올 악절을 자신이 알고 있음을 깨달았다고 한다. 그는 후에 첼리스트였던 어머니가 임신 후반기에 매일 그 곡을 연습했다는 것을 알게 되었다. 말하고, 읽고, 다양한 곡을 연주하는 것은 태아의 감각을 자극하고 뇌 발달을 향상하는 데 도움이 될 수 있다. 이와 관련해 목소리가 잦아들면 태아의 심박수가 떨어진다고도 알려져 있다. 우리는 오래 전부터 부모의 목소리가 아기를 안정시키는 가장 큰 힘 중 하나라는 것을 알고 있었다. 그동안 많은 논란이 있었지만, 부모의 목소리가 출생 전부터 아기에게 영향을 미친다는 사실은 연구를 통해 명백하게 입증되었다.

캔자스대학교의 한 연구에서 연구자들은 엄마와 태아의 신체

전류를 둘러싸고 있는 작은 자기장을 감지할 수 있는 자기심전도를 이용해 뱃속 태아에게 언어를 구별하는 민감성이 있는지 알아보았다. 그 결과 태아가 영어를 사용하는 엄마의 말에 반응한다고 밝혀졌다. 그런데 연구자들은 일본어처럼 생소하고 리듬이 다른 언어로 말할 때도 태아의 심박수가 변화한다는 사실을 발견했다. 이전 연구에서는 태아가 음성의 변화에는 민감하지만, 언어나 화자의 변화에는 민감하지 않다고 밝혀진 바 있다. 희망적인 사실은, 태아가 언어의 리듬적 특성에 민감하다는 점을 알았으므로 우리가 아이들에게 언어 습득에 최우선으로 필요한 구성 요소 하나를 제공할 수 있다는 것이다.

진 홀랜드의 다른 연구에서는 태중에 부모가 매일 적어도 세 권의 책을 읽어 준 6개월 된 아기, 매기에 주목했다. 매기가 태어난 후에도 그 부모는 "5마리 작은 원숭이Five Little Monkeys"와 같은 리듬감 있는 노래를 불러 주고, 마더 구스Mother Goose 영국의 전승 동요집__옮긴이를 암송해 주었으며, 계속해서 책을 읽어 주었다. 아기를 돌본 매기 할머니도 책을 읽어 주고 '팻-어-케이크Pat-a-Cake'나 '잇시 빗시 스파이더Itsy Bitsy Spider' 같은 놀이를 하며 다양한 읽기 경험을 제공했다. 홀랜드는 책을 읽어 줄 때 매기가 부모를 꼭 끌어안으며 편안하고 즐거워한다는 것을 발견했다. 2개월째에 접어들면서 매기는 부모와 할머니가 책을 읽어 줄 때 그들을 따라 '말'을 했다. 아이는 더듬거리며 이야기 속 단어의 소리를 흉내 냈다. 달이 갈수록 매기는 책읽어주기에 점점 더 빠져들어 책을 움켜쥐고, 그림을 가리키는가 하면, 책장을 넘기고 싶어했다.

일반적으로 유아에게는 보드북을 읽히지만, 매기의 부모는 어휘를 익히고 다양한 이야기를 접하게 하려고 그림책을 읽어 주었다. 홀랜드는 매기가 집이 아닌 다른 탁아 장소에 맡겨질 때도 계속 관찰했다. 불행히도 이런 환경에서는 매기가 책을 접하거나 누군가가 읽어 주는 소리를 들을 기회가 거의 없었다. 아이들이 집이 아닌 다른 곳에 맡겨질 때 누군가가 책을 읽어 주는 시간은 하루 평균 1.5분이다. 어떤 환경이든 책읽어주기가 필수임을 보육자들에게 더 많이 알려야 할 것 같다.

이 두 실험은 아기가 뱃속에서도 일정한 목소리에 익숙해지고, 그 소리를 평안과 안전의 메시지로 이해하기 시작한다는 사실을 입증했다. 아기는 인생의 첫 수업에서 목소리만으로도 교훈을 익히고 그것에 길들여지는 것이다. 그러니 태어난 아기가 책을 직접 보고, 만지고, 단어를 이해하고, 읽어 주는 사람을 느낄 때 이루게 될 성취에 대해서는 두말할 나위가 없는 것이다.

하루 한 번 **책읽어주기**는 어떤 **힘**을 발휘할까

클라라 라키는 세 아들이 태어난 순간부터 고등학교를 졸업할 때까지 책을 읽어주기 시작했다. "책읽어주기는 습관이었어요. 아이들을 진정시키고 싶을 때 책을 읽어 주었는데, 그냥 계속 읽어 주게 되었죠. 우리 아이들도 다른 아이들처럼 이야기 듣는 것을 좋아했어요. 우리에게 특별한 시간이었죠. 멋진 일이었어요."

클라라는 매일 밤 아들들에게 책을 읽어 주었다. 세 아이의 터울이 고만고만했기 때문에 클라라는 대개 세 아이에게 같은 이야기를 읽어 주었다. 그녀가 책을 선택하기도 하고, 아이 중 하나가 《내 맘대로 골라라 골라맨Choose Your Own Adventure》 같은 이야기를 고를 때도 있었다. 책을 읽어 주는 습관은 고등학교 때까지 이어졌다. 나이가 들면서 아이들은 책으로 인해 다양하고, 때로는 거북한 문제에 관해 토론하는 일이 잦아졌다. "그런 일을 직접 겪지 않더라도, 책읽기는 어려운 주제에 관해 이야기하는 좋은 방법이었어요." 클라라는 논쟁을 불러올 책을 의도적으로 선택하지도 않았지만, 피하지도 않았다. 캐릭터라는 렌즈를 통해 토론하는 것이 더 쉬울 때도 있었다. 아이들이 고등학교에 입학해서 일과가 더 바빠지자 클라라는 저녁 시간에 계속 책을 읽어 주었다. "책읽어주기는 우리가 양치하고 잠자리 들기 전에 하는 마지막 일이었어요. 우리의 습관이었죠."

이제 클라라는 열세 살짜리 손자 트레버에게 책을 읽어 준다. 트레버는 아버지가 출장을 갈 때면 조부모와 함께 지낸다. 트레버는 독서가는 아니지만, 누군가가 읽어 주면 좋아한다. 트레버는 혼자 책을 읽을 때는 집중에 어려움을 겪기도 한다. 하지만 클라라가 읽어 주면, 아이는 아무런 어려움 없이 들리는 내용을 이해할 수 있다. 트레버는 많은 아이가 그렇듯 시각적 학습자가 아닌 청각적 학습자이다. 게리 폴슨의 《손도끼 Hatchet》 같은 모험담이나 쉘 실버스타인의 유머러스한 시를 읽어 주면, 아이가 더 쉽게 책에 다가갈 수 있다. 최근에 클라라는 "영원히 살 수 있다면 어떨까?"라는 질문을 던지는 나탈리 배비트의 《트리갭의 샘물 Tuck Everlasting》을 읽어 주었다. 클라라와 트레버는 이 주제에 관해 좋은 대화를 나누었고, 두 사람은 주변 사람들보다 오래 사는 게 그리 좋은 것만은 아니라는 결론에 도달했다.

클라라의 세 아들은 모두 학교에 입학할 때 이미 책을 읽고 있었다. 그들은 모두 직업적으로 성공했고, 모두 책읽기를 좋아한다. "아이들은 책읽기가 몸에 배어 있었고, 책읽어주기가 긍정적인 경험과 환경을 만들어 아이들이 학교생활을 하는 내내, 그리고 성인이 된 지금까지 영향을 미치는 것 같아요."

클라라의 아들 마크에게는 두 자녀가 있는데, 그의 집에서도 책읽어주기가 습관으로 굳어졌다. 마크는 이 경험에 대해 다음과 같이 이야기했다. "부모님이 책을 읽어 주신 덕에 우리 아이들에게도 똑같이 하게 된 것 같아요. 책읽어주기는 아이들과 시간을 보내며 관계를 다지는 일이죠. 존 D. 앤더슨의 《빅스비 선생님의 마지막 날 Ms. Bixby's Last Day》의 첫 두 장을 5학년 아들에게 읽어 준 후, 다음과 같은 대화를 나누었어요."

나 정말로 좋은 책 같지만, 슬픈 책일 수도 있어.

아들 왜요?

나 이 책은 잘 쓰여진 것 같고, 여행하는 인물들을 따라가는 일도 재미있을 것 같아. 하지만 빅스비 씨가 마지막에 죽을지도 모르잖니.

아들 그게 왜 그리 슬픈 거예요?

나 음,. 할머니 생각이 나서야. 빅스비 씨처럼 암에 걸리셨잖니.

아들 할머니가 암에 걸리신 줄 알지만, 그래도 건강해 보이세요.

나 그건 그렇지. 하지만 할머니가 건강해 보이셔도 치료를 받으셔야 해. 암에 걸리면 상황이 급변할 수 있단다. 할머니가 지금 잘 지내시는 걸 감사히 여기고 이 시기를 잘 활용해야 할 거야.

아들 그래서 저는 슬프지 않고 행복해요.

나 왜?

아들 할머니가 잘 지내고 계시니까요.

나 훌륭한 관점이야. 이 책이 좋은 이유는 어쩌면 우리와두 관련이 있어서일 거야.

아들 재미도 있을 거예요.

나 나도 그랬으면 해. 슬프면서 재미있는 책일 수도 있으니까.

아들 그럼요.

나 그걸 알 수 있는 유일한 방법은 읽는 거야.

마크는 말을 이어갔다. "수년 전에 어머니가 암 진단을 받으셨어요. 암에 걸린 어머니 이야기를 특히 아이들과는 자주 하지 않아요. 하지만 이 책으로 인해 아이들과 어머니의 병 이야기를 할 수 있는 잠깐의 기회를 얻었지요. 게다가 이 책 때문에 제 기분이 어떻고 왜 그런 건지 아들에게 물어 볼 기회를 줄 수 있었어요. 책을 읽어주지 않았다면 하지 못했을 대화를 나눌 수 있었던 거죠. 이런 대화는 우리 아이들이 제가 한 인간으로서 어떤 사람인지 더 잘 이해할 수 있도록 해줘요. 성인으로 성장해가는 아이들과 돈독한 관계를 유지하는 데 도움이 될 거예요."

클라라와 마크처럼 책읽어주기를 시작해서 계속 이어간다면, 아이가 책을 능숙하게 읽고 평생 책을 좋아하게 될 거라고 확신할 수 있을까? 보장할 수는 없다. 다만, 우리가 부모로서 할 일은 아이와의 관계를 잘 가꾸고, 아이에게 책에 대한 사랑을 심어 주며, 아이와 오붓하게 시간을 보내는 일이 매우 소중하다는 메시지를 분명히 전달하는 것이다.

교과서만으로는
어휘력의 **격차**를 줄일 수 없다

듣기 이해력은 읽기 이해력을 키워 준다. 간단한 예를 들어 보자. 영어에서 가장 많이 사용하는 단어는 'the'이다. 짐 트렐리즈는 늘 강연에 참석한 청중에게 이 세 글자로 된 단어가 어렵다고 생각하는 사람이 있는지 묻곤 했다. 그러면 300명 중 대략 5명 정도가 손을 든다. 이들을 본 다른 청중은 숨죽여 키득거린다.

짐은 이어 손을 들지 않은 사람들에게 묻는다. "러시아에서 온 교환 학생이 여러분 집에서 묵게 되었다고 합시다. 러시아어에는 우리가 사용하는 'the'에 해당하는 단어가 없다는 점을 명심하세요." 실제로 한국어 · 중국어 · 일본어 · 페르시아어 · 폴란드어 · 크로아티아어 · 베트남어 · 펀잡어 등 많은 언어에는 이런 관사가 없다. "그 학생이 여러분 집에서 3주간 잘 지내더니, 어느 날 여러분이 무척 자주 사용하는 단어 중에 모르는 것이 있다면서 'the'의 뜻을 물었습니다. 자, 어느 분이 한번 설명해 주실까요?"

어느 누구도 대답을 못하고 당황한 채 어색한 미소만 지을 뿐이다. 이 단순한 단어를 설명하기란 결코 쉽지 않다. 그럼에도 사람들은 그것을 어떻게 사용하는지 알고 있다. 유치원에 들어가기도 전부터 알고 있는 것이다.

어떻게 배웠을까? 당신이 네 살이 되던 어느 날 아침, 어머니가 부엌 식탁 위에 학습지를 올려놓고 "이것이 정관사란다. 명사 앞에 온단다. 이제 녹색 크레용을 들고 문제지에 있는 정관사를 모두 찾아 밑줄을 쳐 보렴" 하며 가르치지는 않았을 것이다. 우리는 이 작지만 복잡한 단어의 의미를 다양한 문맥에서 여러 번 되풀이하여 들으며 배웠다.

어른이 아이에게 책을 읽어 줄 때 세 가지 중요한 일이 각별한 노력을 기울이지 않아도 저절로 일어난다. 즉 (1)아이와 책 사이에 즐거움이라는 끈이 연결된다, (2)함께 책을 읽으며 부모와 아이가 함께 배운다(이중학습), (3)단어를 소리와 음절의 형태로 아이의 귀에 쏟아 붓는다.

학자들은 듣기와 읽기 이해력에 대한 연구에서 이런 사실을 확인하며, 어휘력이 부족한 상태에서 입학하는 아이들이 지니는 심각한 문제를 제기한다. 사람들은 학교 교육에 의해 아이들 사이의 듣기 어휘력의 격차가 좁혀지리라 기대하겠지만, 사실 격차가 좁혀지기는커녕 더 크게 벌어진다.

그 이유는 두 가지이다. 즉 저학년 때는 아이들이 대부분 이미 알고 있는 단어들(해독 가능한 글)을 접하고, 앞서거나 뒤처진 아이들 모두 교실에서는 좀처럼 새 단어를 접하지 못하게 된다. 따라서 아이들이 새로운 고급 단어를 접하는 경로는 부모 · 동급생 · 교사 · TV가 된다.

교과서를 통해 새로 습득하는 단어 수가 미미한 것은 모두 마찬가지이지만, 이미 앞서 있는 아이들은 집에서 좀더 어려운 책을 듣고, 교육 방송을 접하며, 의미 있는 대화를 더 길게 나누기가 쉽다. 이에 비해 어휘력이 부족한 아이들은 같은 단어만을 쳇바퀴 돌듯 들을 뿐이다.

또한 앞선 아이들은 책읽어주기의 장점을 알고 이를 활용하는 학교에 다니는 경우가 많기 때문에 새로운 단어를 더 많이 듣게 된다. 넬 듀크의 1학년생 20개 학급(10개는 소득과 교육 수준이 높은 지역, 10개는 그 반대의 지역에서 선택했다)을 조사한 내용을 보면, 수준이 높은 지역에서는 10개 중 7개 학급에서 교사가 챕터북을 읽어 준 데 비해, 그 반대의 경우에는 2개 학급에서만 챕터북을 읽어 주었다. 어휘력이 부족한 아이들은 최소한의 단어와 초보적인 문장만 접하게 되어 갈수록 격차가 벌어지는 것이다.

학업성취도의 격차를 줄이는 방법은 거의 전적으로 단어의 격차를 해소하는 데 달려 있다. 가장 효율적인 방법은 저학년 아이가 1년에 가정에서 보내는 7,800시간 중에 변화를 꾀하는 것이다. 가정 형편이 어려운 부모 중 반이라도 아이가 어렸을 때부터 책을 읽어 준다면 정말 큰 변화를 가져올 것이다.

부모가 읽어 주기가 정 어렵다면 담임교사라도 풍성한 문학의 보고에서 책을 골라 읽어주어야 한다. 그것은 아동 도서, 심지어 그림책도 가정과 교실에서 이루어지는 평범한 대화보다 훨씬 풍부한 어휘를 담고 있기 때문이다.

잠시 《괴물들이 사는 나라Where the Wild Things Are》라는 그림책을 생각해 보자. 이야기를 들려주면서 작가 모리스 샌닥은 '장난mischief,' '이를 갈았다gnashed,' '소동rumpus'이라는 단어를 사용하고 있다. 이 단어들은 부모와 아이가 일상에서 주고받는 대화나 교실에서 흔히 사용하는 어휘가 아니다. 어린아이들에게 종종 읽어 주는 (그리고 이 장을 시작할 때 소개한 멋진 문장이 담겨 있는) 《샬롯의 거미줄Charlotte's Web》과 같은 챕터북 역시 광범위한 어휘를 알려 준다. 《샬롯의 거미줄》 6장에서는 '도덕morals,' '양심scruples,' '품위decency,' '배려consideration,' '양심의 가책compunction,' '고대의ancient,' '지킬 수 없는untenable'이라는 단어와 마주할 것이다. 다시 말하지만, 매일 아이들과 이야기할 때 우리는 이런 단어들을 사용하지 않는다. 아이의 읽기 수준보다 듣기 수준에 맞는 책을 읽어 주면 아이가 더 깊이 있는 어휘를 접할 가능성이 커질 뿐만 아니라 단어와 이야기에 관해 대화할 기회도 생긴다.

아버지와 **딸**의 **3,218일**간의 책읽기

책읽어주기의 목표 중 하나는 아이들이 혼자 책을 읽도록 북돋는 것이다. 따라서 혼자 읽는 것과 읽어 주는 일은 서로 모순적이지 않다. 우리는 둘 다 할 수 있고, 둘 다 해야 한다(혼자 읽기에 대한 자세한 내용은 4장을 참조하라).

솔직히 말해서, 적응하면 아이가 더 커도 대개 책읽어주기에 호응을 하지만, 그렇지 않은 경우도 있다. 특히 좀더 조숙한 아이 중에는 읽어 주는 속도(묵독보다 느린 속도)를 못 견뎌 혼자 읽기를 선호하는 아이도 있다. 캐시 브로지나가 그런 경우인데, 아이는 학교 사서이자 매일 책을 읽어 주는 아버지 짐에게 4학년이 되었으니 혼자서 책을 읽겠다고 선언했다. 갑자기 짐의 책읽어주기는 끝이 났다. 캐시와는 말이다. 하지만 훨씬 어린 동생 크리스틴이 있어서 그의 책읽어주기는 계속되었다.

짐은 운명의 4학년이 되었을 때 큰딸이 어떠했는지를 기억하고, 크리스틴에게 "잠자리 들기 전에 우리 100일 연속으로 책을 읽으면 어떨까?"라고 물었다. 그 목표를 이루었을 때 크리스틴은 1,000일 밤을 연속으로 읽자고 제안했다. 건강할 때도, 아플 때도, 이혼했을 때도, 심지어 자동차 사고가 났을 때도 책읽어주기는 계속되었다. 그림책에서 고전까지 두루 읽는 동안 어떤 것도 그들이 이름 붙인 '꿀잼 책읽기 시간'을 방해할 수 없었다.

하지만 영원한 것은 없기에 그 시간은 마침내 다른 시간이 끼어들면서 막을 내렸다. 그것은 4년간의 대학 생활이었다. 크리스틴이 캠퍼스에 도착한 첫날, 대학 기숙사 계단에서 두 사람은 마지막 장을 읽었다. 3,218번째 밤이었다.

38년을 교육계에서 일하는 동안 짐 브로지나는 학생들에게 책을 읽어 주느라 귀중한 수업 시간을 허비한다고 말했던 초등학교 교장 밑에서 일한 적도 있었다. 농담하나? 어떤 연습 문제나 시험도 없이 크리스틴에게 3,218일 밤을 하루도 빠짐없이 책을 읽어 준 아버지의 노력에 애정과 유대감, 함께 나눈 경험을 넘어 딸은 어떤 결실을 보여 주었을까? 우선 대학 4년 내내 B학점 한 개를 제외하면 전 과목 A학점을 받은 성적과 전국글쓰기대회에서 2회 우승을 한 성과를 들 수 있을 것이다. 그리고 또 하나, 크리스틴은 대학 1학년 때 앨리스 오즈마라는 필명으로 문학회고록《리딩 프라미스: 아빠와 함께한 3218일간의 독서 마라톤 The Reading Promise: My Father and the Books We Shared》을 출간했다. 이것이 과연 '귀중한 수업 시간을 허비한' 결과일까?

장애아에게 책읽어주기는 어떤 **효과**가 있을까

지난 수년 동안 가장 마음 따뜻한 사연 중 하나는, 어느 날 테네시주 멤피스의 마샤 토마스한테서 온 한 통의 편지처럼 장애아를 둔 부모와 교사들의 이야기이다.

> 우리 딸 제니퍼가 태어났을 때 받은 첫 선물 중 하나가《하루 15분 책 읽어주기의 힘》이었습니다. 우리는 앞부분의 몇 장을 읽으면서 딸에게 적어도 매일 10권의 책을 읽어 주기로 결심했습니다. 제니퍼가 심장 결함으로 수술을 받고 7주간 병원에 입원한 적이 있습니다. 그때 우리는 아이가 중환자실에서 치료를 받는 중에도 책을 읽어 주었고, 우리가 병실을 지키지 못할 경우에는 간호사들에게 부탁해서 이야기 테이프를 들려

주었습니다.

7년 동안 우리는 시간이 날 때마다 제니퍼에게 책을 읽어 주었습니다. 1학년이 된 제니퍼는 자기 반에서 책을 가장 잘 읽는 아이 중 하나였습니다. 아이는 읽기 시험에서 늘 만점을 받았고, 평소에도 놀랄 만한 어휘를 구사했습니다. 학교에서 쉬는 시간에는 주로 책 읽는 소파에 앉아 있었고, 집에서도 남편이나 저와 함께 앉아 책 읽는 것을 즐겼습니다.

우리 제니퍼의 이야기가 특별한 것은 그 아이가 다운증후군을 갖고 태어났기 때문입니다. 생후 2개월 때 우리는 제니퍼가 장님에 귀머거리인 중증장애인이 될 가능성이 높다는 진단을 받았습니다. 그러나 다섯 살 때 측정한 때 제니퍼의 IQ는 111이었습니다.

제니퍼 토마스는 매사추세츠주 콩코드에서 고등학교를 졸업하고, MCAS 매사추세츠 종합 평가 시스템__옮긴이 시험을 통과했으며, 전국우수학생회 National Honor Society의 회원이 되었다. 재능 있는 예술가로 성장한 제니퍼는 2003년 17세에서 26세 사이의 장애인 예술가를 위한 VSA 경연에 참가했고, 전국 순회 전시회 자격이 주어지는 15명 안에 들었다. 2005년 제니퍼는 매사추세츠주 캠브리지에 있는 레슬리대학교의 스레숄드 프로그램 Threshold Program 다양한 학습 · 인지 · 발달 장애가 있는 학생들을 위한 2년제 대학 체험 프로그램__옮긴이에 입학해 2008년 졸업했다. 현재 제니퍼는 캠브리지에 자신의 집을 갖고 있으며, 여전히 책을 좋아하는 독서가로 두 개의

사전을 참조하기도 하지만 위키피디아의 열렬한 팬이기도 하다.

책읽어주기는 모든 아이에게 유익하다. 때에 따라 우리는 이 경험을 즐겁게 하고 언어 발달과 활자 인식, 이야기 구조, 기본 개념에 확실히 도움이 되도록 조절해야 할지 모른다. 특별한 보살핌이 필요한 아이들은 주의력을 빨리 잃거나, 지시를 따르고 질문에 답하는 데 어려움을 겪거나, 읽기를 방해하거나 참여하지 않는 등 언어와 인지 지체를 보일 수 있다. 읽어 줄 책을 신중하게 선택하는 일이 중요하며, 다음은 몇 가지 방법이다.

- 삽화와 활자 크기, 책 크기, 심지어 종이나 표지의 질감에도 주의를 기울인다.
- 언어 지체가 있는 아이들에게 도움이 되는 라임이 있거나 단어가 반복되는 책을 선택한다. 읽어 주기에 좋은 책으로 얀 토마스의 《라임 읽는 먼지 뭉치 Rhyming Dust Bunnies》가 있다. 이 책에서는 라임에 서툰 밥을 제외하고는 모든 먼지 뭉치가 라임 읽기를 좋아한다. 또 다른 책으로 데보라 과리노의 《너의 엄마는 라마니? Is Your Mama a Llama?》에서는 반복해서 질문하고 라임으로 대답한다.
- 주의력은 부족하지만 책을 재미있게 읽고 싶은 아이들을 위해서는 짧은 책이나 글자가 많지 않은 책을 고른다. 《내 친구 파리보이 Hi Fly Guy》는 소년과 파리가 친구가 되는 이야기를 다

룬 테드 아널드의 좋은 초급 챕터북 시리즈의 첫 번째 책이다. 카렌 보몽의《난 내가 좋아 I Like Myself!》는 있는 그대로의 자신을 사랑하라는 긍정적인 줄거리를 담고 있다.

- 단순하고 혼란스럽지 않으면서도 색채가 풍부한 삽화가 그려진 책은 시각 장애나 청각 장애 아동에게 효과가 좋다. 에릭 로만의《아기 고양이의 사계절 A Kitten Tale》은 눈을 한 번도 보지 못한 네 마리의 새끼 고양이를 유쾌하게 묘사한다. 페이지마다 여백이 많아 새끼 고양이들에게 집중하기가 쉽다. 한 페이지에 간단한 글과 함께 호기심 많은 새끼 고양이들의 매력적인 삽화가 그려져 있다.
- 질문이 있는 이야기를 고른다. 에릭 칼의《내 고양이 못 봤어요? Have You Seen My Cat?》는 각 페이지에 질문이 나온다. 이 책의 최신판에는 각 동물의 삽화가 슬며시 들어가 있다. 아니면 데이빗 섀논의《안돼, 데이비드! No, David!》처럼 말을 유도하는 책을 선택해, 이 짓궂은 소년이 저지르는 장난들에 대해 하나하나 이야기해 보자.

때로 자폐스펙트럼장애나 주의력결핍장애가 있는 아이들은 읽어 주는 책을 가만히 앉아서 듣기가 어렵다. 아이들이 꼼지락거나 돌아다니게 놔두자. 책을 읽는 동안 아이들이 만지작거릴 물건이나 그림 그릴 재료를 주어야 한다. 모든 아이에게 책읽어주기의 목적은 즐거운 경험을 하는 것이지, 항상 당신 곁에 조용히 앉아 있어야 한다는 뜻은 아니다.

일대일 책읽어주기는 **집중력**을 기르는 가장 효과적인 방법이다

아이의 집중력을 길러 주는 최선의 방법은 아이와 일대일로 시간을 보내는 것이다. 이제껏 고안된 여러 방법 중에서 이것이 가장 효과적인 학습 방법이며, 부모와 아이를 묶어 주는 방법이기도 하다. 하버드대학교의 심리학자인 제롬 케이건은 지진아의 언어 문제를 해결하는 방법을 연구하다가 집중적인 일대일 방식이 특히 효과적이라는 것을 발견했다. 제롬은 아이에게 책을 읽어 주고 아이가 보이는 반응에 성심껏 귀를 기울이는 것이 학습에 효과적임을 지적하면서, 특히 개별적으로 아이에게 책을 읽어 주는 것이 무엇보다 중요하다고 강조했다.

이 방법은 한 자녀 이상의 맞벌이 부부에게는 더 어려운 일일 수 있다. 그렇지만 아이에게 부모의 특별한 사랑을 보여 줄 수 있는 기회이고, 아이의 학습과 미래에 큰 영향을 주는 일이므로 일주일에 한두 번이라도 시간을 내야 할 것이다.

책읽기와 대화, 놀이 등 어른과 아이가 일대일로 함께하는 시간은 책 · 강아지 · 꽃 · 물 등의 다양한 개념을 가르치는 데 매우 효과적이다. 아이가 개념을 이해하게 되면 자연적으로 주의를 집중하기가 쉬워진다. 무슨 일이 일어나고 왜 그런지에 대한 개념이 없으면 아이는 그 시간 동안 주의를 기울이지 못한다.

책에는 듣거나 읽을 때 즐거운 이야기가 담겨 있다. 책에 대한 경험이 거의 혹은 전혀 없는 아이들은 책의 개념이나 그 이야기가 주는 즐거움을 알지 못한다. 그런 아이들에게 그 이야기는 소리의 덩어리에 불과하다. 경험이 없다는 것은 주의를 기울일 수 없다는 것이다.

아이들이 안절부절못하고 잠시도 가만히 앉아 있지 못한다면, 책을 골라서 읽어 주는 데 시간이 얼마나 걸리는지 재보자. 아마도 짧은 그림책 한두 권으로 시작하거나, 한 권을 읽은 후 다음에 읽을 책을 고르는 식으로 시작하면 좋을 것이다.

에릭 칼의 《배고픈 애벌레 The Very Hungry Caterpillar》나 《아주 바쁜 거미 The Very Busy Spider》와 같은 곤충이나 동물이 나오는 책은 대화를 유도해 언어적으로나 신체적으로 아이들을 참여시키기 때문에 효과적이다. 《배고픈 애벌레》는 반복적인 표현을 통해 아이들이 이야기를 듣고 대화하게 한다. "… 하지만 그는 여전히 배고팠어." 《아주 바쁜 거미》에서 아이들은 이내 "거미는 대답하지 않았어. 거미는 거미줄을 짜느라 무척 바빴어"라는 구절을 합창하기 시작한다. 거미줄이 단순한 선에서 점점 아이들이 만질 수 있는 복잡하고 아름다운 창작물이 되어가므로 이 책에는 촉각적인 요소도 있다. 에르베 튈레의 《여기를 눌러Press Here》도 아이들의 관심을 끄는 재미있는 책으로, 아이들이 각 지면의 점을 눌러 볼 수 있다.

다음에는 글자가 더 많고 줄거리가 매력적인 책을 읽어 주자. 캔더스 플레밍의 《야금! 야금! 당근 도둑Muncha! Muncha! Muncha!》은 맥그리 씨가 토끼들이 자기 집 뜰의 채소를 먹지 못하게 막으려는 이야기이다. 하지만 토끼들이 계속 야금! 야금! 먹는다. 페기 라트만의 《버클 경관과 글로리아Officer Buckle and Gloria》는 다소 둔한 버클 경관이 알려 주는 안전 수칙을 몸으로 보여 주는 경찰견 글로리아를 표현한 삽화 때문에 아이들의 관심을 사로잡는다. 본문에는 글로리아의 익살맞은 행동이 직접적으로 묘사되어 있지 않지만, 삽화에 그려진 개를 보면 웃음이 절로 나온다.

한 번에 읽어 주는 그림책의 수를 계속 늘릴 수도 있지만, 모 윌렘스의 코끼리와 피기Elephant and Piggie 시리즈나 애니 배로우스의 《아이비+콩Ivy+Bean》처럼 짧은 초급 챕터북을 시도해 보자.

아이의 집중력을 늘리는 열쇠는 어느 정도의 기간을 두고 늘리는 것이다. 며칠이나 일주일 안에 집중력을 늘릴 수는 없다. 어린 아이들에게 책을 읽어 주기 시작하면 유치원에 들어가기 전에 이야기를 들려주는 시간을 늘릴 수 있는 기회가 생긴다. 또한 이야기가 더 재미있을수록 아이가 더 오래 듣는다는 점을 기억하자. 보물창고에는 이런 목적에 맞는 추천 도서가 무수히 많다.

읽기를 도와주는 3B 키트

어떤 부모들은 단기간에 돈으로 해결할 수 있는 방법이 있다고 믿는 것 같다. 이를테면, 학습을 도와주는 키트나 파닉스 게임 같은 것 말이다. 어릴 적 책읽기에 도움이 되었던 것들을 생각해 보자. 공공도서관 대출 카드를 제외하면, 이는 3B라 부르는 '읽기 키트'로 정리할 수 있다. 이 3B는 비싸지 않은 것이라 거의 모든 부모가 감당할 수 있는 것이다.

첫 번째는 책Book이다. 내 책을 갖고 있다는 것은 중요한 일이다. 아이의 이름이 적혀 있고, 도서관에 반납하거나 형제들과 공유하지 않아도 되는 책을 갖는다는 것은 중요하다.

두 번째는 책바구니Book Basket이다. 책바구니(또는 잡지꽂이)는 가장 자주 사용할 곳에 두어야 한다. 아마도 모든 도서관과 교실을 합친 것보다 더 많은 읽기가 화장실에서 이루어질 것이다. 책바구니에 책과 잡지 등을 담아 그 부근에 두도록 하자.

식탁 위나 그 근처에도 책바구니를 하나 놓아두자. 많은 아이가 매일 한 끼 이상을 혼자 먹기 때문에 부엌은 여가 독서를 하기에 이상적인 장소가 된다. 미국 가정의 60% 이상이 주방에 TV를 설치한다. 그런 어리석은 짓을 하지 않는 한, 식탁에 책이 있으면 아이들은 그것을 읽을 것이다.

책바구니를 놓아둘 또 다른 장소는 차 안이다. 모니터를 끄고, 아이들이 뒷좌석에 앉아 읽을 수 있는 책을 두도록 하자. 아이가 책을 읽다가 차멀미를 한다면, 모두 들으며 이야기할 수 있는 오디오북을 넣어 두자. 책읽기를 즐기는 아이들의 가정에는 책과 인쇄물이 한두 곳이 아니라 집 안 전체에 널려 있다는 연구 결과들이 있다.

세 번째는 침대 램프Bed Lamp이다. 아이에게 침대 램프나 독서등이 있는가? 아직 아이에게 침대 램프가 없다면, 그리고 아이를 책 읽는 사람으로 키우고 싶다면 당장 그것부터 사자. 램프를 설치하고 아이에게 이렇게 말해 주자. "이제 너도 많이 컸으니 잠자기 전에 엄마나 아빠처럼 책을 보는 게 좋겠구나. 그래서 이 램프를 사왔으니, 침대에서 책을 읽고 싶을 때는 자기 전에 15분씩(또는 아이의 나이에 따라 더 오래) 보도록 해. 읽기 싫으면 읽지 않아도 괜찮아. 그러면 예전과 똑같은 시간에 불을 끌게." 많은 아이가 늦게까지 안 잘 수만 있다면, 심지어 책 읽는 것을 포함해 무엇이든 할 것이다.

아이의 **듣기**와 **읽기** 수준은 중학교 **2학년** 무렵에 같아진다

아이에게 책을 전혀 읽어주지 않는 것만큼 큰 실수는, 너무 일찍 읽어주기를 그만두는 것이다. 앞서 언급한 스콜라스틱이 실시한 2016년 전국 조사에서 10세 이후에 아이들에게 책을 읽어 주는 부모가 17%에 불과한 것으로 밝혀졌다. 아이들이 책읽어주기를 원치 않아서일까? 이 보고서를 보면 7~12세 어린이의 87%가 부모가 책 읽어 주는 것을 좋아하고, 부모가 계속 읽어 주기를 바란다고 답했다. 부모와 아이, 교사와 학생이 하나가 되는 이 놀라운 경험은 즐거움뿐만 아니라 알려진 책읽어주기의 모든 혜택 때문에 계속되어야 한다. 여기에는 어휘력을 키우고, 듣기와 읽기 수준을 넘어서는 책들을 소개하며, 책읽기의 즐거움을 끌어올리는 일이 포함된다.

맥도날드의 성공적인 마케팅 전략을 생각해 보자. 이 패스트푸드 체인은 반세기 이상 사업을 해오며 단 한 해도 광고 예산을 삭감한 적이 없다. 매년 맥도날드는 전년보다 더 많은 돈을 광고에 쏟아 붓는데, 그 금액이 하루 540만 달러 이상이나 된다. 맥도날드의 마케팅 담당자들은 '모든 사람이 우리가 전하는 말을 들었으니 알아서 찾아오겠지. 그러니 이제 더는 광고에 돈을 들이지 말자'라는 생각은 결코 하지 않는다.

아이에게 책을 읽어 줄 때마다 우리는 책읽기의 즐거움에 대한 광고 방송을 하는 것이다. 그러나 맥도날드와 달리 우리는 종종 광고횟수를 늘리기보다는 매년 줄인다. 아이가 자랄수록 집과 학교에서 책을 읽어 주는 횟수는 줄어든다. 즐거움을 위해 책 읽는 것을 좋아한다고 말하는 아이들의 비율은 계속 떨어지고 있고 지금은 50%가 조금 넘는 수준이다. 7~12세의 아이들은 집에서 책을 읽어 줄 경우 혼자서도 책을 읽을 가능성이 더 높다.

부모들은(종종 교사들도) 말한다. "이제 4학년이고 글도 잘 읽는데 더 읽어 줄 필요가 있을까요? 아이가 혼자서도 잘 읽게 하려고 학교에 보내는 게 아닌가요?" 이 질문에는 잘못된 가정들이 전제되어 있다.

아이가 4학년 수준만큼 읽을 수 있다고 가정해 보자. 그러면 아이가 들을 수 있는 수준은 어느 정도일까? 사람들은 대부분 이 두 가지 차이에 대해 생각하지 않는다. 하지만 곰곰이 따져 보면 두 가지가 다르다는 것을 알 수 있다. 이에 대한 이해를 도와주는 예가 있다.

2013년, 월트 디즈니 픽처스는 한스 크리스티안 안데르센의 동화 《눈의 여왕The Snow Queen》에서 영감을 얻어 영화 〈겨울왕국Frozen〉을 개봉했다. 〈겨울왕국〉은 차가운 힘으로 그들의 왕국을 영원히 겨울에 가둔 언니 엘사를 찾기 위해 소박한 얼음 장수와 충성스러운 순록, 순진한 눈사람과 함께 여행을 떠나는 두려움 없는 공주 안나의 이야기이다. 이 영화는 곧 역대 최고의 흥행 수익을 거둔 애니메이션 영화가 되었다. 6세 이상 어린이들이 볼 수 있는 〈겨울왕국〉은 줄거리와 음악으로 어린 영화 관객들을 사로잡았다('렛잇고Let It Go'를 떼창으로 따라 부르는 아이들의 모습은 놀랍기 그지없다). 이 영화를 보는 6~9세 꼬마 중에 대사를 읽을 수 있는 아이들은 거의 없을 것이다. 하지만 아이들은 대부분 배우들이 말하는 대사를 듣고 내용을 이해할 수 있었다.

전문가들의 견해에 따르면, 아이들의 듣기와 읽기 수준은 중학교 2학년 무렵에 같아진다. 그전까지는 읽는 것보다 더 높은 수준의 것을 듣고 이해할 수 있다. 즉 아이들이 혼자서 읽을 때는 이해하지 못할 복잡하고 재미있는 이야기도 들을 때는 이해할 수 있다는 것이다. 1학년생에게는 신의 축복이라고 할 수 있다. 아이들이 지금 읽고 있는 이야기의 수준이 앞으로도 지속되는 것이 아니기 때문이다. 1학년 아이는 4학년 수준의 책을 즐길 수 있고, 5학년 아이는 중학교 1학년 수준의 책을 즐길 수 있다(물론 이는 책에서 다루는 사회 문제의 수준에 따라 다르다. 초등학교 5학년생의 사회 경험을 뛰어넘는 중학생 수준의 몇몇 분야는 제외해야 한다).

듣기 수준과 읽기 수준이 현저하게 차이가 난다는 사실을 확인했으니, 다 큰 아이에게도 책을 꾸준히 읽어주어야 하는 이유는 분명하다. 아이에게 책을 읽어 주게 되면 부모와 자녀, 그리고 교사와 학생 사이에 정서적 유대감도 형성된다. 또한 아이의 귀에 고급 단어를 불어넣어 그 아이가 눈으로 책을 읽을 때 단어를 쉽게 이해하도록 도와준다.

이것이 혼자 읽을 줄 아는 아이에게도 계속 책을 읽어주어야 한다는 주장의 근거이다. 좀더 쉽게 풀어 보자. 이제 막 읽기 시작하는 여섯 살, 일곱 살, 여덟 살짜리 아이들에게 꾸준히 책을 읽어준다고 하자. 이는 매우 좋은 일이다. 그런데 닥터 수스의 한정 어휘 책, 예를 들어《모자 쓴 고양이 The Cat in the Hat》나《깡충 펄쩍 Hop on Pop》과 같은 것만 읽어 준다면, 그것은 밤마다 아이의 두뇌 세포를 지루하게 하고 아이를 모욕하는 것이다. 아이는 6천 개의 단어를 이해하는데, 이런 책은 225개의 단어를 활용한 것이다. 아이는 다섯 살 때 이미 이 225개의 단어를 이해했고 이후 계속 사용해 왔다.

일곱 살은 이제 막 읽기 시작하는 나이이다. 그래서 보거나 읽어서 해독할 수 있는 단어 수가 제한되어 있다. 그렇다고 일곱 살이 이제 막 듣기 시작하는 나이는 아니다. 아이는 지난 6년 동안 꾸준히 들어 왔다. 일곱 살배기는 듣는 것에는 전문가이다! 닥터 수스는, 한정 어휘 책은 아이가 스스로 읽기를 바란다고 했다. 이런 책은 아이가 혼자 읽어야 하는 것이지, 어른이 읽어주어야 하는 것이 아니다. 한정 어휘 책의 표지에는 큼지막한 로고가 붙어 있다. "혼자서 전부 읽을 거예요." 여기서 혼자는 아이이지 부모가 아니다.

아이들이 더 커서도 책을 읽어주어야 할지 여전히 의심이 든다면, 여기 중학교 교사인 티파니 네이의 경험담에 귀기울여 보자.

2학년에서 5학년으로 담당 학년이 바뀌었던 해, 나는 '큰 아이들'은 책

읽어 주는 것을 좋아하지 않을 거라고 생각했다. 내 예상은 완전히 빗나갔다! 당시 내가 가르치던 곳은 주로 저소득층 가정의 아이들이 다니는 특수학교였는데, 학생들은 수준 높은 교과서를 충분히 소화하지 못했다. 교사들은 학생들의 읽기와 수학 실력을 학년 수준까지 끌어올리는 데 열중한 나머지 의도치 않게 교수법의 가장 중요한 요소, 즉 평생 공부하고 책을 즐기는 사람을 만드는 일을 빠트렸다! 나는 그해 로알드 달의 소설 《내 친구 꼬마 거인 The BFG》으로 책읽어주기를 시작했다. 나는 학생들을 계속 참여시키려고 이 책을 수업 교재로 사용했다. 그해가 지나면서 그림책은 중요한 요소가 되었다. 그때 내가 깨달은 것은 나의 교육관을 송두리째 바꿔 놓았다. 고학년인 우리 반 아이들이 전에 가르쳤던 저학년 아이들보다 책을 더 읽어달라고 하는 통에 나는 아이들에게 맘껏 책을 읽어 줄 수 있었다.

10대들에게도 책을 읽어 주라고?

아이들의 읽기 능력의 발달은 초등학교에서 멈추지 않는다. 청소년 문학 대사로 활동했던 작가 케이트 디카밀로는 인터뷰에서 이렇게 말했다. "누군가가 책을 읽어 주는 것을 우리가 얼마나 좋아하는지 우리는 잊어버린다. 그리고 아이가 책읽어주기를 받아들이는 한(거의 모든 아이, 정말 골칫거리인 13~14세 아이들도 받아들인다) 함께 앉아서 책 읽는 시간은 아이들에게 유익한 만큼 부모에게도 유익하다. 책을 읽어 주면 관계가 더 깊어진다."

스콜라스틱의 보고서를 보면, 6세 이후부터 부모가 아이에게 책을 읽어 주는 비율이 현저히 낮아진다. 12세가 되면 책을 읽어 주는 부모가 거의 없고, 고등학생이 되면 그 수는 더 줄어든다.

《뉴요커 New Yorker》 사설에 데이비드 덴비는 다음과 같이 썼다. "갖가지 스크린에서 눈을 뗄 줄 모르는 10대들은 과거 어느 때보다 더 많은 단어를 읽을 가능성이 크다. 하지만 그들은 여기저기 널려 있는 스크랩이나 발췌문, 기사, 메시지, 조각 정보들을 읽는 경우가 많다." 덴비는 10대들이 학업과 숙제, 일, 스포츠, 데이트 등으로 바쁜 나머지 '즐거움을 위해' 읽지 않는 것을 당연하게 받아들인다고 말한다. 물론 책읽기를 즐기는 사람들은 이런 풍조에 놀란다.

우리가 아이들에게 책을 읽어 주는 모든 이유(방해받지 않는 시간이라는 선물, 책읽기가 가치 있다는 메시지, 함께 책에 감응하는 경험의 공유)와 똑같은 이유에서 10대들에게도 계속 읽어주어야 한다.

내가 부모들에게 10대들에게도 책을 읽어주라고 권하면, 돌아오는 대답은 대개 "그럴 시간이 있나요?"이다. 그래서 머리를 써야 한다. 매일 밤 책읽어주기 의식을 유지하기 힘들다면, 하루 중 아침식사 때나 숙제를 마친 후, 주말 등 다른 시간을 잡아 보자.

책을 완독하는 데 시간이 좀 걸릴지 모르지만, 보상을 생각하면 그럴 가치가 있다. 마리 르준과 그녀의 남편 네이선 마이어는 다음과 같은 방법으로 아이들에게 책 읽어 줄 시간을 찾는다.

> 우리는 네 아이를 키우고 있고, 둘 다 초과 근무를 하는 날이 많다. 하지만 우리는 아이들에게 매일 밤 한 장씩은 읽어주려고 노력한다. 가끔은 밤에 읽어주지 못하는 날도 있다. 어느 주인가 책을 읽어주지 못했는데, 그때 아홉 살이던 아들이 여섯 살짜리 여동생에게 케이트 디카밀로의 《생쥐 기사 데스페로The Tale of Despereaux》를 읽어 주는 것이었다. 나는 그 모습이 하도 기특해서 딸의 방 밖에서 조용히 지켜본 후에, 동생에게 가능한 자주 읽어 주도록 아들을 독려했다. 이 일을 계기로 우리 집에 남매독서클럽이 생겨났다. 두 남매는 많은 멋진 책들을 함께 경험하는데, 내가 읽어 주는 책도 많고 손위 형제가 읽어 주는 책도 있다. 종종 아이들이 책을 읽으며 토론하는 소리가 들린다. 아이들 사이에 문학공동체가 생겨나는 모습을 흐뭇하게 지켜보고 있다.
>
> 우리는 자동차 여행을 할 때도 책읽어주기 습관을 놓지 않는다. 다행히 나는 차멀미를 하지 않아 가족 여행을 할 때 차 안에서 좋아하는 챕터북을 자주 읽어 준다. 내가 운전할 때는 언제나 잊지 않고 오디오북을 챙기기 때문에, 우리는 다른 사람이 읽어 주는 책을 즐길 수 있다. 특히 내가 어린 시절에 즐겨 읽었던 《클로디아의 비밀From the Mixed-up Files of Mrs. Basil E. Frankweiler》과 《탐정 해리엇Harriet the Spy》 같은 책

들을 다시 읽는 것을 좋아한다.

우리가 아이들 특히 10대들과 함께 차 안에서 얼마나 많은 시간을 보내는지, 그리고 책을 읽고 이야기를 나누지 않을 때 놓치는 기회를 생각해 보자.

큰 아이들에게 책을 읽어 주면 어려운 주제에 대해 토론하는 길도 열릴 수 있다. 안면장애를 지닌 소년의 이야기인 R. J. 팔라시오의 《아름다운 아이 Wonder》나, 경찰의 총에 맞은 10대의 충격적인 이야기인 주얼 파커 로즈의 《유령 소년들 Ghost Boys》과 같이 요즘 출판되는 책들은 많은 아이가 절대 마주치지 않을 주제와 경험을 접하게 해준다. 함께 읽으며 책에서 다루는 문제를 토론하다 보면, 부모와 아이가 판단과 스트레스 없이 등장인물을 중심으로 문제를 이야기하고 실제 사회 문제와 연결할 기회를 얻게 된다.

책을 **읽어** 주기에 너무 **늦은** 아이는 없다

책을 읽어 주기에 너무 늦은 아이는 없다. 물론 아이가 크면 세 살이나 일곱 살 때 읽어 주는 것보다 쉽지 않다.

귀를 기울여야만 하는 청중을 둔 담임교사에 비해, 어느 날 뜬금없이 열네 살짜리 아이에게 책을 읽어 주려는 부모는 훨씬 불리하다. 부모의 의도가 아무리 좋아도 가정에서 청소년에게 책을 읽어 주는 것은 어려운 일이다. 이 시기의 아이는 사회적 · 정서적으로 큰 변화를 겪는다. 아이는 학교 밖에서 신체적 변화와 성적 호기심, 미래에 대한 불안감, 자기정체성의 추구 등 그리 쉽지 않은 문제에 맞닥뜨린다. 학업에 대한 부담과 성장통으로 인해 아이에게는 부모가 책을 읽어 줄 여유 시간이 거의 없다. 그러나 적절한 시간을 찾는다면 희망이 없는 것도 아니다. 남자친구와 한바탕 싸우고 나서 화를 삭이고 있을 때나 좋아하는 프로그램을 보려고 TV 앞에 앉을 때 책을 읽어 주겠다고 제안하는 것은 현명하지 못하다. 시간의 선택 못지않게 읽을거리의 길이도 중요하다. 아이가 관심을 보일 때까지는 짧은 것을 선택해야 한다.

아이가 사춘기 초기, 즉 13~15세 정도라면 빈둥대는 시간에 책의 한두 쪽 정도만 함께 읽는 것이 좋다. 이때도 책읽기와 관련해 굳이 동기 부여를 하거나 교육적인 측면을 내세우지 않는 것이 좋다. 시는 짧고 다양한 감정을 불러일으킬 수 있기 때문에, 청소년의 관심을 끌어 더 많은 시를 읽도록 유혹할 수 있을지 모른다.

03

어떤 순서로 읽어주어야 하나

정말이지 너무나 끔찍한 날이었다.
엄마는 그런 날이 있다고 말했다. 호주에서도.

주디스 바이올스트, 《난 지구 반대편 나라로 가버릴테야~!》

지난 10년간 사회 각계에서는 유아기의 두뇌 발달에 관한 논쟁이 뜨겁게 달아올랐다. 심리학자와 신경과 전문의들이 공청회나 신문, 잡지, 전문학회지를 통해 논쟁을 벌여 왔지만, 유아기의 첫 3년이 두뇌 발달에 정확히 얼마나 결정적인지는 결론을 내리지 못하고 있다. 네 살이 넘으면 기회의 문이 닫히는 것일까? 아니면 그 후에도 두 번째, 세 번째, 네 번째 기회가 있는 것일까?

나는 절충적인 입장이다. 즉 유아기의 첫 3년이 비옥하다면 그 후의 학습은 더 쉬워지고, 바람직한 학습 환경이 마련된다면 풍성한 열매를 맺을 수 있다고 본다. 이 논쟁에 관심 있는 독자는 앨리슨 고프닉과 앤드류 멜초프, 패트리샤 쿨의 《요람 속의 과학자 The Scientist In the Crib: Minds, Brains, and How Children Learn》와 존 브루어의 《첫 3년의 신화 The Myth of the First Three Years》를 읽어보기 바란다.

다만, 하버드대학교 아동발달센터의 소장인 잭 숀코프 박사의 연구 덕분에 생후 8개월부터는 아기가 소리와 단어의 유형을 오래도록 기억할 수 있다는 사실이 분명하게 확인되었다. 때문에 많은 어휘를 들으며 자라는 아기는 우수한 언어 능력을 갖게 될 가능성이 높다. 아이가 머릿속에 단어를 입력하는 방법은 오직 눈과 귀를 통한 것뿐이다. 특히 유아기에는 읽지 못하므로 듣는 수밖에 없다.

다시 강조하지만, 책을 읽어 주는 것은 신동이나 영재를 만들기 위해서가 아니다. 아기에게 책을 읽어 주는 진정한 목적은 아기 안에 있는 잠재력에 양분을 주고, 부모와 아이 사이를 친밀하게 묶어 주며, 아기가 자라나 책 읽을 준비가 되었을 때 아이와 책 사이에 자연스러운 다리를 놓아 주기 위함이다.

갓난아기에게는 어떤 **책**이 가장 좋을까

한 살배기 아기에게는 다채로운 그림과 흥미로운 소리로 아기의 눈과 귀를 자극하는 책을 선택해서 쉽게 집중할 수 있도록 해야 한다. 마더 구스 Mother Goose가 성공한 이유 중 하나는 아기가 사랑에 빠지는 첫 번째 소리, 즉 엄마의 심장 박동과 유사한 소리가 리드미컬하게 울려 퍼지기 때문이다.

연구자들은 후에 마더 구스와 닥터 수스의 책에 라임rhyme 이상의 특별한 점이 있음을 증명했다. 메릴랜드주 베데스다의 국립아동보건인간개발연구소National Institute of Child Health and Human Development의 학습전문가들은, 아기들이 대부분 라임이 맞는 단어를 찾아내는 놀라운 능력을 갖고 있다고 밝혔다. 유치원에서 '고양이'와 라임이 맞는 단어를 잘 찾아내지 못하는 아이는 나중에 책을 읽는 데 어려움을 겪을 가능성이 많다. 더욱이 아이들은 라임이 맞는 단어에서 즐거움을 느낀다. 왜 그럴까? 전문가들에 따르면, 인간의 잠재의식이 줄무늬와 격자무늬, 화음을 찾아 즐기기 때문이다. 이들은 혼동의 세계에 질서를 부여한다.

아기들이 마더 구스를 좋아하는 것은 줄거리 때문이 아니다. 그 안에는 소리와 음절, 어미, 연음이 라임과 적절하게 섞여 있기 때문이다. 이는 요람의 규칙적인 흔들림을 즐기는 아기에게 언어의 리듬과 라임이라는 즐거움을 더해 주는 것이다.

아이를 안고 책을 읽는 동안 신체적 친밀감이 생겨난다는 점을 기억하자. 아이보다 책이 더 중요하다는 메시지를 전하지 않으려면, 책을 읽으면서 아이를 쓰다듬고 만지고 안아 주면서 최대한 스킨십을 유지해야 한다. 여기에 부모와 아이의 평범한 대화가 연결되면 사랑받는다는 느낌이 커진다.

책을 **읽어** 줄 때
아기들은 어떤 **반응**을 보일까

최근 많은 사람이 조기 교육에 관심을 갖게 되면서 책을 읽어 줄 때 나타나는 유아들의 일반적인 반응에 대한 연구들이 많이 이루어졌다. 새내기 부모들은 아기가 책에 대해 관심이 없는 것 같아 실망하기도 한다. 다음은 부모들이 지레 실망하거나 절망하지 않도록 아기의 변화하는 모습을 제시한 것이다.

- 생후 4개월 된 아기는 혼자서는 잘 움직이지 못하므로, 듣고 바라보는 것 말고는 할 수 있는 일이 없다. 아기가 수동적이고 온순한 때이므로 책을 읽어 주기가 비교적 쉽다. 이때는 부모가 아기를 손으로 잘 감싸서 안전하고 포근한 느낌을 전해 주되 그것이 지나쳐서 갑갑함을 느끼지 않도록 주의하는 한편, 아기가 보드북이나 그림책의 지면을 잘 볼 수 있게 해주어야 한다. 크고 색채가 풍부한 삽화와 함께 글자가 적은 책을 선택하도록 한다.
- 6개월 된 아기는 읽어 주는 소리를 들으면서 책을 만지거나 움켜쥐거나 빨거나 씹는 데 더 관심이 있다(그러면서도 듣는다). 보드북은 아기의 작은 손으로 잡기에 적당한 크기이므로 이 시기에 사용하기에 안성맞춤이다. 게다가 보드북은 내구성

이 뛰어나고 대개 얇고 투명한 막으로 코팅되어 있어 쉽게 닦을 수 있다. 빌린 책이라면 아기가 들으면서 씹을 장난감이나 고무 고리를 쥐여 주는 것이 좋다. 헝겊 책은 세탁기에 넣을 수 있어 좋고, 부드러운 플라스틱 책은 목욕하면서 읽어 줄 수 있다.

- 8개월 된 아기는 얌전히 듣기보다는 책장 넘기는 것을 좋아할 수 있다. 아기가 마음껏 하도록 내버려두되, 그렇다고 책을 완전히 내주어서는 안 된다.
- 12개월 된 아기는 부모대신 책장을 넘기고, 이름을 말하면 그 사물을 가리키며, 동물의 울음소리를 흉내 낼 수도 있다.
- 15개월 된 아기는 걷기 시작하면서 부산하게 움직이며 잠시도 가만있지 않으려 하므로, 아기의 순간적인 호기심을 억누르지 않도록 적당한 시간을 선택해 책을 읽어주어야 한다. 아기가 흥미를 잃을 때는 잠시 책을 치운다.

책 읽어 주는 시간은 하루에 1~2분씩 몇 차례 읽어 주는 것으로 시작해 점차 늘려가도록 한다. 책을 읽어 줄 때 유아가 집중할 수 있는 시간은 평균 3분밖에 되지 않고, 하루에 여러 차례 읽어 준다 해도 총 30분을 넘지 못한다. 어쩌다 30분 이상 이야기에 귀를 기울이는 아기도 있지만, 그것은 극히 예외적이다.

이미 훌륭한 낭독자가 되어 있는 부모도 아기가 자라면서 더 많은 경험을 쌓고 더 많은 것을 배우게 된다. 그들은 읽기 시간을 강요하지 않으며, 책장의 그림을 손가락으로 짚어가며 주의를 유도하고, 속삭임부터 격앙된 어조까지 다양한 목소리를 익힌다. 그리고 아이의 집중력이 하루아침에 늘어나지 않는다는 점을 이해한다. 책을 읽어 주는 1분 1초가 모이고, 넘기는 책장들이 쌓이며, 책을 읽어 주는 날들이 계속해서 쌓여야 아이의 집중력이 조금씩 늘어나는 것이다.

아이가 책과 부모의 목소리에 반응하기 시작하면, 책에 대한 대화를 시작하자. 책을 읽어 주며 그 안의 이야기와 삽화에 대해 말하는 것이다. 아이에게 책을 읽어 주는 일이 부모 혼자 하는 피동적인 단막극이 되어서는 안 된다. 최대한 아이가 책과 부모에게 반응하도록 하자. 읽어 주는 사이사이 질문과 촌평을 집어넣어 아이의 반응을 유도하자. 읽어주기의 목적은 대화의 목적과 다르지 않다. 그것은 탁구를 치듯이 주고받는 것이지, 다트를 날리는 것이 아니다.

다음은 로버트 맥클로스키의 《샐의 블루베리 Blueberries for Sal》를 읽으며 엄마와 20개월 된 아기가 나누는 대화의 예이다. 유의할 점은, 엄마가 책의 본문(볼드체 부분)에 얽매이지 않는다는 것이다.

엄마 **작은 곰의 엄마는 도대체 어떤 것이 커프룬! 하는 소리를 냈는지 보**

려고 돌아섰어요. 거기에, 엄마 곰 바로 앞에 있던 것은 샐이었어요!

아이 새에~ㄹ.

엄마 맞아요, 샐. 그리고 **엄마 곰은** 자기 뒤에 **아기 곰**이 아니고 샐이 있는 것에 깜짝 놀랐어요. 엄마 곰의 깜짝 놀란 모습을 보세요. 샐도 약간은 놀랐나 봐요, 그래 보이죠?

아이 ㄴ—ㅔ.

엄마 네. **가르릉! 엄마 곰이 소리 냈어요. 이건 내 아이가 아니야!** 아기 곰은 어디 있을까? 엄마 곰은 아기 곰을 찾아다녔어요. 아기 곰은 어디에 있을까요?

아이 모—라요.

엄마 몰라요? 그럼 다음 장을 볼까요. 넘겨 보세요. 거기서 찾을지도 몰라요.

이 단순한 대화에서 언어를 매개로 중요한 성취가 이루어진다. 첫째, 엄마와 아이가 함께 책 읽는 즐거움을 한껏 누린다. 아이가 살펴보고 음미할 수 있도록 엄마는 삽화가 있는 자리에서 기다려 준다. 이야기는 서서히 두 사람의 속도에 맞춰 펼쳐진다.

둘째, 엄마는 책의 글과 자신의 말을 적절히 혼용한다. 얼마나 꼼꼼하게 책의 글을 있는 그대로 읽을지는 아이의 나이와 그 아이의 집중력에 따라 결정한다.

셋째, 대화가 양방향으로 이루어진다. 엄마는 간단한 질문을 끼

● 《샐의 블루베리》, 로버트 맥클로스키 글그림

워 넣어 아이의 반응을 유도한다.

넷째, 아이가 대답할 때 엄마는 그 응답을 인정해 주고(맞아요) 바로잡아 준다(샐, 네, 몰라요).

마더 구스 다음에는 **어떤 책**을 읽어주어야 할까

아이가 걸음마를 시작하는 시기, 부모의 중요한 역할은 아이를 우리 세계로 맞아들이는 환영위원회의 위원장이 되는 것이다. 부모는 성대한 파티를 연 주인이고, 아이는 그 파티에 초대받은 귀한 손님이다. 주인은 마땅히 그 손님을 다른 손님들에게 소개해 그가 편하고 즐겁게 느끼도록 배려해야 한다. 아이는 성장하면서 차츰 주위에 눈을 뜨게 된다. 구멍 · 자동차 · 눈 · 새 · 벌레 · 별 · 트럭 · 개 · 비 · 비행기 · 고양이 · 폭풍 · 아기 · 엄마 · 아버지 등 주위에 새롭게 등장하는 '사물'에 강한 매력을 느낀다. 이 단계를 '사물에 이름 붙이기'라고 한다.

그림책은 이 시기에 딱 들어맞는 교육 매체이다. 책에 그려진 다양한 사물을 가리키면서 그 이름을 일러주고, 부모를 따라 이름을 불러보게 하며, 어떤 반응이라도 칭찬해 주자. 이 목적에 충실한 몇 권의 훌륭한 책이 있다. 데니스 플레밍의《우리 아기는 척척 박사The Everything Book》와 로저 프리디의《첫 번째 100 단어First 100 Words》,《첫 번째 100 동물First 100 Farm Animals》,《숫자 색깔 모양Numbers Colors Shape》 등이 그것이다. 프리디의 책에는 100개의 일상적인 사물과 동물 사진이 실려 있다.《우리 아기는 척척 박사》에는 플레밍이 자신만의 펄프 페인팅 기법으로 그린 동물과 모양, 색깔, 동요, 손가락놀이, 음식, 얼굴, 문자, 신호등, 장난감 등의 이미지가 들어 있다.

글 없는 그림책도 유아들에게 아주 좋은데, 특히 사물이나 이미지가 너무 많지 않으면서 사실적이고 색채는 풍부하되 형태는 단순한 삽화가 있는 책들이 활용하기에 좋다. 새로 나온 전통적인 양식의 글 없는 그림책으로 슈타 크룸의《아뿔싸! Uh Oh!》, 레오

리오니의 《파랑이와 노랑이 Little Blue and Little Yellow》, 사빈더 나베하우스의 《붐붐 Boom Boom》이 있다. 이 책들은 창의성과 대화, 언어 발달, 이야기를 개인화하는 능력을 기르는 데 도움이 된다. 아이의 집중력에 따라 부모가 재량껏 짧거나 길게 이야기를 구성할 수 있다.

유아들을 위한 최고의 그림책은 부모가 직접 찍은 사진을 이용해 만든 책일 것이다. 디지털카메라와 컬러프린터는 이 용도의 가정 출판물에 아주 잘 맞는 것이다. 아이의 일상과 환경을 사진에 담고, 제목을 달고, 인쇄하고, 코팅한 다음 두 개의 구멍을 뚫으면 훌륭한 가정 출판 그림책이 탄생한다.

18개월에서 5세 사이의 유아와 미취학 아동은 지적 · 사회적 · 정서적으로 놀라운 성장을 한다. 글 없는 그림책 외에도 이 시기의 아이들은 앞으로 무슨 일이 일어날지 쉽게 알 수 있는 예측 가능한 이야기들을 즐긴다. 예측 가능한 책들은 종종 본문 전체에 걸쳐 단어나 구, 문장을 반복한다. 질문과 대답 형식의 책들이 있는가 하면, 기본적으로 이야기가 시작된 곳에서 책이 끝나는 순환적 구조의 책들도 있으며, 아이들에게 친숙한 줄거리나 일련의 사건들을 기초로 하는 책들도 있다.

몇 가지 인기 있는 예측 가능한 이야기로는 오드리 우드의 《낮잠 자는 집 The Napping House》, 에릭 칼의 《나랑 친구할래? Do You Want to Be My Friend?》 등이 있고, 이외 다른 예측 가능한 책들이 보물창고에 들어 있다.

아이들은 왜 **같은 책**을 읽고 또 **읽어달라고** 할까

당신이 여느 부모와 다르지 않다면 마거릿 와이즈 브라운의 《잘자, 달아 Goodnight Moon》를 20번은 아니더라도 12번은 읽었을 것이다. 그것도 한 달 안에! 얼마 후 당신은 아기가 곰이든 의자, 시계, 양말이든 다음번에 무엇에게 굿나잇 인사를 해야 할지 정확히 기억한다는 점을 알았을 것이다. 그리고 때로는 반복적으로 단어를 익힌 아기가 다른 단어를 추가하기도 했을 것이다. 어린아이들은 반복을 통해 배우기 때문에 같은 책을 반복해서 읽고 또 읽는 것은 이야기의 구조뿐만 아니라 언어를 배우는 발달 과정의 일부이다. 이를 '몰입 immersion'이라고 부른다. 같은 이야기를 반복해서 듣는 것은 몰입 과정의 일부이다. 또한 반복하면 아이가 단어와 개념, 기술을 듣고 연습할 때 뇌세포 사이의 경로들이 강해지고 단단해지므로 뇌가 변화한다.

더욱이 반복적인 읽기는 아이들의 학습을 돕는다. 2011년의 한 연구에 따르면, 아이들에게 같은 책을 여러 번 읽어 주었을 때, 같은 단어가 담긴 여러 책을 읽어 준 아이들보다 새로운 단어의 의미를 더 잘 기억하고 덜 잊어버렸다. 매일 다른 책을 읽어 주면 어른은 따분하지 않아서 좋겠지만, 아이는 배운 것을 복습할 기회가 없다. 세 살 전까지는 몇 권의 책을 반복해서 읽어 주는 것이 많은 책을 건성으로 읽어 주는 것보다 낫다.

같은 책을 다시 읽거나 한 영화를 여러 번 본 적이 있는 사람이라면, 다시 볼 때 처음 보면서 놓쳤던 세세한 재미를 발견한 경험이 있을 것이다. 아이와 책의 경우가 바로 그렇다. 아이는 어른이 읽는 속도에 따라 복잡한 언어를 듣기 때문에 잘못 이해하는 경우가 많을 수밖에 없고, 이런 단점은 반복된 읽기를 통해서만 넘어설 수 있다. 많은 부모가 빌 마틴 주니어가 쓰고 에릭 칼이 그린 《갈색 곰아, 갈색 곰아, 무엇을 보고 있니? Brown Bear, Brown Bear, What Do You See?》를 셀 수 없이 읽어 주지만, 어린아이가 여러 동물을 구별하는 데는 시간이 걸린다. 내가 이 책을 유치원 여아에게 읽어 준 적이 있는데, 그 아이는 곰이 다른 동물들을 모두 먹어치웠다고 생각했다. 아이와 함께 이 책을 몇 번 더 읽은 후에야 아이는 모든 동물이 안전하고 곰에게 아무런 해를 입지 않았다는 것을 이해했다.

가능한 한 읽어주기와 삶 속의 경험을 병행해 균형을 이루는 것도 중요하다. 책 속의 단어는 시작일 뿐이다. 부모나 교사가 읽어주기와 연관된 활동을 어떻게 하느냐에 따라 작은 깨우침이 큰 학습 경험으로 확장될 수 있다. 캔디스 플레밍의 《불도저의 생일 Bulldozer's Big Day》에서는 작은 불도저가 건설 현장을 돌아다니면서 내심 다른 기계들이 자기의 생일을 알아주기를 바란다. 그의 토공판이 점점 아래로 내려가면서 하루 일이 끝날 무렵 "야아호~! 아아싸~! 빠아앙!" 소리가 깜짝 생일 파티를 알린다. 물론 아이의 생일뿐만 아니라 다른 트럭과 토공 장비에 관해서도 자연스럽게 이야기를 나누게 될 것이다. 반대의 경우도 가능하다. 밖에서 애벌레를 보게 되면, 가정이나 교실에서 에릭 칼의 《배고픈 애벌레 The Very Hungry Caterpillar》를 읽어 주는 것이다.

질문은 아이의 기본적인 **학습 도구**이다

아이들은 주변 세상에 대해 자연스러운 호기심을 갖고 있다. 이 호기심은 아이들이 기술을 개발하고, 어휘를 익히며, 개념을 확립하고, 새로운 정보를 이해하는 데 도움이 된다. 부모들은 때때로, 특히 책을 읽어 줄 때 아이가 끊임없이 질문을 해서 신경이 곤두서기도 한다. "우리 애는 질문이 많아서 책을 읽기가 힘들어요. 이야기가 자꾸 끊어지거든요." 이런 경우에는 우선 질문의 종류를 구별해야 한다. 그것이 이야기에 대한 호기심의 발로인지, 아니면 이야기와 상관없는 생뚱맞은 질문인지. 아이가 진지하게 무언가를 알고 싶어하는 건지, 아니면 그저 좀더 늦게 자려는 꿍꿍이인지. 자기 싫어서 꾀를 내는 게 아니라면 강제로 책을 덮고 잘 자라고 뽀뽀하며 불을 끄는 대신, 읽은 부분에 대해 이야기를 나누는 습관을 들이는 것이 훨씬 더 현명한 방법이다.

지적인 욕구에서 비롯된 질문이라면, 특히 배경 지식과 연관된 것이라면 바로 대응해주어야 한다(엄마, 왜 맥그레거 씨는 피터의 아빠를 파이에 넣었어요? 왜 깡충 뛰어 도망가지 않았나요?). 그럼으로써 아이가 피터 래빗의 이야기를 더 잘 이해할 수 있도록 도와주게 된다. 생뚱맞은 질문이라면 이렇게 말해 주자. "좋은 질문이네! 다 읽고 이야기하자." 그리고 반드시 그 약속을 지키자. 질문은 아이의 기본적인 학습 도구이다. 이를 무시하는 것은 아이가 가진 호기심의 싹을 어이없이 잘라 버리는 것이다.

아이의 질문 능력을 키우고 학습을 도와주는 한 가지 방법은 질문이 나오는 책을 읽어 주는 것이다. P. D. 이스트먼이 쓴 고전《우리 엄마예요? Are You My Mother?》에 나오는 아기 새는 동물을 만날 때마다 항상 똑같은 질문을 한다. 로빈 페이지의《닭이 집까지 따라왔어요!:익숙한 가금류에 관한 질문과 대답 A Chicken Followed Me Home!:Questions and Answers About a Familiar Fowl》에서는 다른 유형의 질문을 한다. 이 논픽션 그림책에서는 닭이 무엇을 먹고 알을 낳는지 물어 본다. 이 책은 닭에 대한 자세한 정보와 함께 아이도 이해하기 쉬운 내용을 담고 있다. 부모나 교사들은 특정한 내용을 읽어 주거나 그 내용을 바꿔서 읽어 줄 수도 있다. 많은 책이 질문을 하고 답을 찾을 수 있는 이야기와 정보를 제공한다.

그림책에서 **소설**로 어떻게 **옮겨가야** 할까

다음에 무슨 일이 벌어질지 궁금해하는 우리의 본능 덕분에 책 읽어주기는 아이의 집중력을 늘리는 데 특히 유용한 방법이다. 달리기와 마찬가지로 책을 꾸준히 읽을 수 있는 힘은 하루아침에 생기는 게 아니다. 천천히 조금씩 축적되는 것이다. 짧은 그림책으로 시작해 며칠에 걸쳐 읽을 수 있는 긴 그림책으로, 그 다음 몇 개의 편리한 장으로 나뉘어 있는 짧은 단편소설로, 마지막으로 100쪽 이상의 장편소설로 옮겨가도록 한다.

한 쪽에 들어 있는 글자의 양은 아이의 집중력을 가늠할 수 있는 좋은 척도이다. 세 살 때는 한 쪽에 짧은 문장이 몇 줄 있는 그림책을 읽어 주다 네 살 반 때는 그 3배 분량의 글이 있는 그림책을 읽어 주는 식으로, 짧은 글에서 긴 글로 옮길 때는 여러 권의 책에 걸쳐 서서히 바꾸어야 한다. 이 과정에서 아이가 글자에만 열중하게 해서도 안 되지만, 완전히 그림에만 의존해서 내용을 이해하지 않도록 은근하게 이끌어야 한다.

1학년들을 가르치던 시절, 나는 모든 아이가 집이나 어린이집, 유치원에서도 응당 누군가가 책을 읽어 주었을 거라고 가정할 수 없었다. 나는 또한 책읽기가 재미있고 가치 있는 활동이라는 근거를 마련하고 싶었다. 그래서 나는 학생들을 곧바로 사로잡고 함께 책을 읽는 경험을 통해 학급 공동체가 만들어질 수 있는 책들을 선택했다.

내가 초기에 읽어 준 책 중 하나는 줄리 다넨버그의 《첫 날은 떨려First Day Jitters》였다. 이 이야기에서는 누군가가 등교 첫날 준비를 하는데, 결말에서 그가 선생님이라는 것이 밝혀진다. 나는 학생들처럼 나도 첫 등교일에는 흥분하고 긴장한다고 아이들에게 말해 주었다. 아담 렉스의 《학교가 처음 아이들을 만난 날School's First Day of School》은 또 하나의 선택이 될 것이다. 이 책은 학교도 첫날에 불안해한다는 것을 보여 준다. 다음에 읽은 책은 데이빗 섀논의 《안돼, 데이빗! No, David!》이었는데, 유머러스한 데다 공감을 자아내고 읽기가 쉬웠기 때문이다. 이 책으로 책읽어주기의 즐거움을 알게 된 아이들은 이 책을 혼자서 다시 읽고 싶어했다.

가끔 나는 아이들이 잘 알만한 《배고픈 애벌레The Very Hungry Caterpillar》나 《괴물들이 사는 나라Where the Wild Things Are》와 같은 책들을 읽어 주었다. 이 책들은 가정과 학교에서의 책읽기를 연결하는 역할도 했다. 로라 바카로 시거의 《개와 곰: 세 가지 준비할 것Dog and Bear: Three to Get Ready》과 같은 짧은 챕터북도 함께 읽었다. 친구들과 개, 곰에 관한 세 가지 즐거운 이야기를 읽으면서 우리 반 1학년생들은 한 해 동안 더 긴 책을 어떻게 읽을 것인지 이야기할 기회를 얻었다.

등교 첫날에 나는 집에 가서 아이들이 부모와 대화를 나눌 수 있도록 책을 몇 권 읽어 주었다. "오늘 학교에서 뭘 했니?"라는 질문에 아이들이 대답할 수 있도록 말이다. 나는 이 첫 경험을 통해 아이들이 책읽기의 마법과 즐거움을 맛보고 책을 더욱 좋아하게 하고 싶었다.

매일 나는 학생들이 책에 흥미를 갖도록 다양한 이야기를 읽어 주었다. 아이들은 집에서 부모님이 읽어 줄 책을 빌려 갔다. 나는 필립 C. 스테드의 《아모스 할아버지가 아픈 날A Sick Day for Amos McGee》 같은 우정에 관한 이야기도 들려주었다. 이 책은 동물 친구들을 돌보던 동물원 사육사가 어느 날 동물들의 보살핌을 받게 되는 이야기이다. 또 하나 인기 있는 책은 모 윌렘스의 코끼리와 꿀꿀이 시리즈인 《나눠 먹을까? 말까?Should I Share My Ice Cream?》이다. 이 책을 읽고 아이들은 다른 친구들과 나눠 먹어야 하는지, 그리고 그것이 학급의 규칙이 되어야 하는지 토론하게 되었다.

몇 주 동안 우리는 아기 돼지 세 마리가 엄마 품을 떠나 각자 짚과 나무, 벽돌로 집을 짓는 '돼지 삼형제'와 같은 동화를 다양하게 재해석한 책들을 탐험하기도 했다. 처음으로 읽어 줄 책은 제임스 마셜이 쓴 전통적인 줄거리의 《아기 돼지 삼형제The Three Little Pigs》일 것이다. 재미있게 읽어 줄 수 있는 다른 버전의 책 가운데

A. 울프(실명은 존 셰스카)의 《늑대가 들려주는 아기 돼지 삼형제 이야기 The True Story of the Three Little Pigs》는 '진짜' 이야기를 원하는 독자들을 위해 늑대의 관점에서 이 이야기를 들려준다. 수잔 로웰의 《아기 페커리 삼형제 Three Little Javelinas》는 남서부 지역의 정취가 넘쳐나고, 스티븐 과르나치아의 《아기 돼지 삼형제: 건축 이야기 The Three Little Pigs: An Architectural Tale》는 프랭크 로이드 라이트를 포함한 세 명의 유명 건축가 이야기에 고개를 끄덕이게 한다. 코리 로젠 슈워츠의 《닌자 돼지 삼형제 The Three Ninja Pigs》에서 돼지들은 더는 괴롭힘을 당하지 않으려고 아이키도 수업에 등록한다.

때때로 우리는 한 작가의 그림책이나 챕터북을 집중적으로 파고들기도 했다. 처음에 시작하기 좋은 작가로 케빈 헹크스가 있다. 그는 《릴리의 보라색 플라스틱 지갑 Lilly's Purple Plastic Purse》과 《나의 정원 My Garden》, 칼데콧상을 받은 《야옹이의 첫 보름달 Kitten's First Full Moon》과 같은 그림책과 초급 챕터북 《페니와 공깃돌 Penny and Her Marble》을 포함한 다양한 이야기를 썼다. 나는 케이트 디카밀로의 머시 왓슨 Mercy Watson 시리즈도 읽어 주었고, 이후 디카밀로의 더 긴 챕터북을 마지막으로 학년이 끝나갈 무렵 작가 연구를 마무리했다.

시는 하루 동안 수시로 읽어 주었다. 나는 리 베넷 홉킨스, 조이스 시드먼, 더글라스 플로리안, 알란 카츠, 로라 퍼디 살라스, 레베카 카이 돗리치, J. 패트릭 루이스의 시집을 찾았다. 물론 셸 실버스타인과 잭 프레루스키도 어린아이들이 항상 좋아하는 작가이다.

아이들의 집중력과 듣는 시간이 늘어나면서 더 긴 그림책이나 단편 소설로 쉽게 넘어갈 수 있었다. 이런 책들은 월요일에 끝낼 필요 없이 화요일과 수요일까지 늘려서 읽을 수 있다. 초등학교 시기는 아이들에게 짧은 시리즈물을 소개하기에 좋은 때이다. 아이비+빈 Ivy+Bean과 주니 B. 존스 Junie B. Jones, 과학탐정 브라운 Encyclopedia Brown, 소녀 탐정 캠 Cam Jansen, 마법의 시간여행 Magic Tree House, 행크가 왔다 Here's Hank 외에도 다른 많은 책이 있다. 시리즈의 첫 번째 권의 한 장을 읽어 주고 아이들이 그 장을 얼마나 빨리 끝내고 더 읽어 달라고 하는지 보라. 이 전략은 더 큰 아이들에게도 통한다.

챕터북은 언제부터 읽어 줄 수 있을까

듣기와 읽기 수준에 대한 오해가 얼마나 만연한지, 그리고 이 차이를 제대로 이해할 때 얼마나 큰 변화가 일어날 수 있는지에 대해 이야기해 보자. 이 책의 이전 판에서 짐 트렐리즈는 20년 전에 만난 한 젊은 교사인 멜리사 올란스 안티노프에 대한 이야기를 들려주었는데, 그때 그는 어린아이들에게 챕터북을 읽어 주는 일의 중요성에 대해 강의하고 있었다. 멜리사는 짐에게 인사를 건네며 말했다. "저희 유치원반 아이들을 보면 좋아하실 거예요!" 그녀는 아이들에게 1년에 100권의 그림책과 10권에서 12권의 소설을 읽어 준다고 말했다. 그 반은 60%의 학생이 무상급식을 받을 정도로 사회경제적 수준이 낮았다. 4년차 교사인 멜리사는 수업 과정에 챕터북을 포함하면 학생들의 집중력과 어휘력을 키울 수 있다는 점을 알았다. 2017년에 멜리사가 뉴저지 벌링턴 카운티 올해의 교사상을 탄 것은 당연한 일이었다. 이는 멜리사의 탁월한 가르침이 계속되었다는 것을 보여 준다.

1장에서 소개한 메건 슬론은 이전에 1학년과 2학년생들을 가르친 경험이 있다. 그녀는 유치원을 포함한 초등 과정에 챕터북을 포함하지 않는 것은 아이들을 무시하는 행동이라고 여긴다. 메건은 학년을 그림책으로 시작한다. 둘째 주에 그녀는 아이들이 좋아할 만한 짧은 챕터북 시리즈 중 한 권을 골라 읽는다. 소년 헨리와 82kg이나 나가는 사랑스러운 개 머지의 유쾌한 일상을 그린 신시아 라일란트의 헨리와 머지Henry and Mudge 시리즈, 소년 탐정 네이트가 사건들을 해결하는 마저리 와인먼 샤매트의 네이트 더 그레이트Nate the Great 시리즈, 3학년생 해리의 사건 사고를 코믹하게 그린 수지 클라인의 말썽꾸러기 해리Horrible Harry 시리즈가 그런 책들이다.

많은 시리즈물이 유치원과 1학년생들에게 챕터북을 소개하기에 더할 나위 없이 좋다. 이 책들은 길이가 짧고 매력적인 인물들이 등장하며 유머러스한 줄거리를 담고 있다. 햇병아리 독자들이 재미있게 느끼는 시리즈물을 통해 인물이나 줄거리를 발견하면 혼자서 읽고 싶은 욕구가 생겨난다. 아이들이 방금 읽은 시리즈의 다른 책도 읽어 달라고 할 때 고를 수 있는 책이 수십 권은 되는데, 그것이 주니 B. 존스Junie B. Jones나 박스카 칠드런The Boxcar Children, 또는 위에서 언급한 시리즈들일 때는 특히 그렇다.

메건은 이들 시리즈를 몇 권 읽어 준 후에 더 긴 챕터북으로 넘어간다. 흰발 생쥐 양귀비의 이야기를 다룬 애비의 《어두운 숲속에서Poppy》는 흥미진진한 구성과 생동감 넘치는 인물이 특징이다. E. B. 화이트의 《샬롯의 거미줄Charlotte's Web》은 아기 돼지 윌버와 헛간 거미 샬롯의 우정을 다룬 소설로 꾸준히 사랑받고 있다. 그녀는 챕터북이 학생들의 듣기 능력을 키울 수 있다고 믿는다. "아이들은 더 긴 이야기를 듣고 싶어하죠. 그래서 적절한 지도와 함께 매일 읽을 시간이 충분하다면 읽어 줄 수 있다고 생각해요."

유치원생에게는 어떤 **챕터북**이 좋을까

수년 동안 나는 유아 교실 특히 유치원에서 상당한 시간을 보냈다. 하루 중 많은 시간을 할애해 이야기책을 읽어 주는 유치원도 있었고, 책을 거의 읽어주지 않는 곳도 있었다. 이따금 나는 열성적인 교사들이 챕터북을 읽어 주는 것을 보았다.

유치원생에게 읽어 주기 좋은 챕터북은 어떤 것일까? 모든 책이 모든 아이에게 통하는 것은 아니므로, 다음의 몇 가지 사항을 고려해야 할 것이다.

- 읽어 줄 책을 고르기 전에 다양한 책을 미리 읽어 본다. 줄거리가 흥미롭고 친근하며 유머러스한지 생각해 본다. 아이들의 관심과 흥미를 끌 만한 것을 모조리 생각해 보자. 내 경험으로는 큰 글씨로 5~7쪽 분량의 짧은 장으로 이루어진 책이 최고이다.
- 먼저 어떤 이야기인지 소개한다. 예를 들어 케이트 디카밀로의 《머시 왓슨, 구조하러 가다Mercy Watson to the Rescue》를 읽어 줄 때, 나는 먼저 아이들에게 표지를 보여 주고 사람에게 입양된 돼지의 이야기라고 말해 준다. 그러고 나서 머시가 버터 바른 토스트를 얼마나 좋아하는지를 이야기하고, 아이들에게 버터 바른 토스트를 얼마나 좋아하는지 물어 본다. 그러면 아이들이 머시에 대한 약간의 정보를 얻게 되고, 일부 아이들은 이미 이야기에 끌리게 된다. 그들도 버터 토스트를 좋아하니까!

- 챕터북에 삽화가 있으면, 읽으면서 그 그림을 보여 준다. 많은 경우 삽화가 있는 챕터북에서 그림이 거의 없거나 전혀 없는 챕터북으로 옮겨가기가 더 쉽다. 반드시 아이들이 이야기 속의 사건을 따라갈 수 있도록 읽는 속도를 조절해야 한다.
- 아이들이 모를 만한 단어가 나오면 읽기를 멈추고 의미를 설명해 준다. 《머시 왓슨, 구조하러 가다》 2장에 '코를 킁킁거리다snuffled'라는 단어가 나온다. 아이들이 '코를 킁킁거리다'라는 단어를 어떻게 생각하는지 듣는 것도 재미있었다.
- 자주 멈춰서 아이들이 이야기를 이해했는지 확인한다. "머시는 어떤 동물일까?"라고 질문하라는 뜻이 아니다. 대신에 "다음에 무슨 일이 벌어질 것 같아?," "머시가 왜 그랬다고 생각해?"라고 물어 보자. 또한 이야기의 의미 있는 부분에서 잠시 멈춰 아이들이 듣고 있는지 확인하자. 책을 미리 읽어 보는 이유 중 하나도 이 때문이다.
- 아이들이 흥미를 잃지 않는 한 읽도록 한다. 한두 장, 어쩌면 몇 쪽 정도가 될지도 모른다. 아이들이 이야기에 흠뻑 빠지는 날이 있는가 하면, 쉽게 산만해지는 날도 있을 것이다(날씨가 변할 때면 늘 아이들이 산만해지는 것 같다).
- 한 책을 몇 시간이나 하루, 혹은 며칠을 계속 읽고 있든, 다음번에 그 책을 집어 들었을 때 읽었던 이야기를 되짚어 보거나 아이들이 무엇을 기억하는지 물어 본다.

- 언제든 아이들이 책에 흥미를 잃은 것 같으면 아이들에게 계속 듣고 싶은지 물어 본다. 유치원 아이들의 한 가지 특징은 잔인하리만치 정직하게 대답한다는 것이다.

어떤 책을 읽어 주든, 모든 아이가 즐겁게 느껴야 한다. 취학 전 아이에게 챕터북을 읽어 주는 것의 장점은, 아이들이 다양한 이야기를 접하게 되고 집중력과 듣기 능력을 키울 수 있다는 것이다.

모든 **장편**이 읽어 주기에 **적당한** 것은 아니다

단편과 장편 소설은 대개 서술의 양에서 차이가 난다(나는 대략 100쪽을 경계로 삼는다). 또한 단편은 세부 묘사가 적은 반면, 장편은 듣는 사람이 더 많은 상상력을 동원해야 한다. 수년 동안 TV나 태블릿 화면에 빠져 상상력이 퇴화한 아이들은 긴 문장에 익숙하지 않다. 그렇지만 계속해서 읽어 줄수록 아이들은 머릿속에 이미지를 쉽게 그려낸다.

장편에 다가갈 때 모든 책이 읽어 주기에 적당한 것은 아니라는 사실을 명심하자. 혼자 읽기에도 마땅치 않은 책이 종종 있으니, 그런 책으로 아이들을 지루하게 해서는 안 된다. 어떤 책은 혼자 읽기에는 적당하지만, 문장이 복잡하거나 모호해서 소리 내어 읽어 주기에는 부적절하기도 하다.

캐나다의 위대한 소설가인 로버트슨 데이비스는 글을 듣는 것과 읽는 것의 차이를 이렇게 정의했다. "들려주기 위해 쓴 글은 읽히기 위해 쓴 글보다 필연적으로 더 직접적으로 표현하고 더 대담하게 포장하게 된다." 많은 연설가와 목사, 교수가 마치 청중이 자신의 글을 듣지 않고 읽기만 할 것으로 생각하며 연설문을 준비하는 실수를 범한다. 읽어 줄 목적으로 장편을 선택할 때는 데이비스의 충고를 새기자.

또한 소설의 주제에도 주의해야 한다. 긴 책일수록 읽어 주기 전에 부모가 먼저 책을 살펴보는 것이 좋은데, 이런 책은 그림책보다 훨씬 민감한 주제를 다루기 때문이다. 독자로서 부모가 먼저 주제와 작가의 접근 방식에 친숙해져야 한다. 읽으면서 이렇게 자문해 보자. '우리 아이가 이 책의 어휘와 복잡한 이야기뿐만 아니라 정서도 소화할 수 있을까? 여기 있는 어떤 내용은 득보다 해가 되지 않을까? 누군가를 난처하게 하지 않을까?'

책을 미리 읽어 보게 되면 이런 곤란한 상황을 피할 수 있을 뿐만 아니라, 읽어 줄 때 자신감 있게 중요한 구절을 강조하고 밋밋한 부분을 생략하며(여백에 미리 표시해 둔다) 이야기를 드라마처럼 효과음을 넣어가며(문을 두드렸다는 구절에서는 탁자나 벽을 두드린다) 읽어 줄 수 있다.

좋은 그림책은
나이와 학년을 뛰어넘는다

그림책은 몇 살 때 멈춰야 할까? 한 마디로, 절대로 멈춰서는 안 된다. 흔히들 그림책은 어린아이들이나 읽는 것이라고 오해한다. 그림책은 하나의 형식일 뿐, 이것은 듣기나 읽기 능력을 알려주는 것이 아니다. 아이의 성장에 대한 조바심은 이해하지만, 이런 질문을 받으면 얼굴을 찡그리게 된다. 좋은 이야기는 그것이 그림책이든 아니든 좋은 이야기이다. 핵심은 듣는 사람을 끌어들여 문학에 대한 이해를 키우고 책읽기의 가치를 일깨우는 그림책을 읽어 주는 것이다.

쥬디스 바이올스트의《난 지구 반대편 나라로 가버릴테야!Alexander and the Terrible, Horrible, No Good, Very Bad Day》는 나이와 학년을 뛰어넘는 그림책의 훌륭한 예이다. 이 책은 유치원생이나 고등학생들이나 똑같이 좋아한다. 아이들은 또한 다른 방식으로 그림책에 반응하는데, 다섯 살짜리의 운수 나쁜 날은 열일곱 살짜리의 운수 나쁜 날과는 분명히 다를 것이다. 한편으로 멤 폭스의《오리가 사라지다! Ducks Away!》는 다섯 마리의 오리가 한 마리씩 다리에서 떨어져 물에 빠지기 때문에 숫자 세는 연습도 할 수 있다. 숫자는 오렌지색으로 인쇄되어 있는데, 어린아이들에게는 큰 도움이 되지만 중학생들은 그리 고마워하지 않을 것 같다.

그 내용으로 인해 어떤 그림책은 청소년들에게 적절할 수도 있다. 예를 들어, 숀 탠의 《도착The Arrival》은 글 없는 그림책으로 강렬한 시각적 은유를 통해 새로운 세계에 모여든 이민자들의 삶을 이야기한다. 탠이 그린 삽화의 뉘앙스를 이해하기 위해서는 배경 지식이 필요하다. 제인 서트클리프의 《윌의 말: 윌리엄 셰익스피어가 대화 방식을 어떻게 바꿔 놓았나Will's Words: How William Shakespeare Changed the Way You Talk》는 오늘날 우리가 사용하는 아주 많은 단어와 구절을 셰익스피어가 새로 만들거나 연극을 통해 대중화했다고 설명한다. 예를 들어 "세련된fashionable," "품행이 바른well-behaved," "느닷없이all of a sudden," "너무 지나친too much of a good thing" 같은 표현들이다. 더 큰 학생들은 셰익스피어를 알고 있어서 그의 작품을 다른 관점에서 읽는 일을 즐거워할 것이다.

그림책은 더 높은 수준의 사고 기술을 가르치기도 한다. 그림책은 이야기에 쉽게 접근하게 해서 읽기를 좋아하지 않거나 과제 외에는 읽기와 담을 쌓은 더 큰 아이들에게 매력적인 경험을 제공한다. 내 경험으로는 아이들에게 적절한 그림책을 읽어 주었을 때 호의적으로 반응하지 않은 중고생들이 거의 없었다.

일부 그림책은 '시작했지만 중간에 포기해서 기회를 놓친' 이야기를 담은 맥 바넷의 《샘과 데이브가 땅을 팠어요Sam & Dave Dig a Hole》와 같은 고전 문학과 함께 읽기에도 좋다. 이 책을 존 스타인벡의 《생쥐와 인간Of Mice and Men》과 같이 읽어도 좋다. 또 최양숙의 《내 이름이 담긴 병The Name Jar》을 아서 밀러의 《시련The Crucible》과 연계해 읽을 수도 있는데, 두 책 다 한 사람의 이름의 중요성을 전하기 때문이다.

중학교 교실에서 그림책을 읽어 주는 일의 장점 하나는, 시간이 짧게 걸린다는 것이다. 소설이나 심지어 단편 소설의 한 장을 읽으려면 하루에 정해진 책읽기 시간을 넘길 수도 있다.

그렇다면 집에서 10대 자녀와 그림책을 읽는 것은 어떨까? 위에서 말한 그림책의 장점들은 많은 경우 가정환경에도 적용된다. 10대들은 바쁜 사람들이라 대화할 시간이 부족할 때 그림책이 해결책이 될 수도 있다.

아이들이 더 어릴 때 즐겨 읽던 그림책을 다시 보는 것도 과거의 특별한 순간을 다시 경험할 수 있어서 아주 좋다. 프로미식축구의 스타 선수인 마이클 오어에 관한 영화 〈블라인드 사이드The Blind Side〉에서 양부모인 리 앤 투오는 먼로 리프의 《꽃을 좋아하는 소 페르디난드The Story of Ferdinand》를 어린 아들과 마이클에게 읽어 준다. 마이클은 나중에 용기를 주제로 학교 에세이를 쓰면서 이 이야기의 본뜻을 깨닫는다. 10대인 마이클은 이전에는 이 이야기를 들어 본 적이 없었던 것이다. 이는 영화의 명장면이 되었고, 단순한 이야기가 한 축구선수에게 어떤 영향을 미쳤는지 보여 주었다. 2년 후 이 이야기를 바탕으로 제작된 애니메이션 영화 〈페르디난드 The Story of Ferdinand〉도 큰 관심을 끌었다.

큰 아이들은 그림책에 콧방귀를 뀔 거라고 생각하는 이들에게 보여주고 싶은 책 몇 권을 소개한다.

- 웅토자케 샹게의 《우리는 물을 더럽혔다 We troubled the waters》. 성공을 거둔 이 책은 인간 정신의 힘을 담아내고 감동적인 시와 인상적인 삽화를 통해 시민권 시대의 사건과 인물들을 연대기 순으로 기록한다.
- 수잔 후드의 《아다의 바이올린: 파라과이의 리사이클링 오케스트라 이야기 Ada's Violin: The Story of the Recycled Orchestra of Paraguay》. 아다 리오스는 파라과이의 매립지에 지어진 작은 마을에 살고 있다. 아다는 바이올린 연주를 꿈꾸지만, 근근이 생계를 유지하는 형편이라 악기 살 돈이 없다. 이 마을에 오게 된 음악 교사 파비오 차베스는 쓰레기더미에서 찾아낸 재료를 이용해 악기를 만들 계획을 세운다. 실화에 바탕을 둔 이 이야기는 하나의 생각이 어떻게 공동체를 변화시킬 수 있는지를 보여 준다.
- 모디캐이 저스타인의 《쌍둥이 빌딩 사이를 걸어간 남자 The Man Who Walked Between the Towers》. 2004년 칼데콧상을 받은 이 책은, 1974년 세계무역센터 쌍둥이 빌딩이 완공되어 갈 무렵 아침 러시아워 시간에 두 빌딩 사이에 팽팽한 줄을 매고

400미터 상공을 오가며 한 시간 동안 다양한 묘기를 부린 프랑스의 젊은 공중곡예사 필립 쁘띠의 실화이다. 이제 이 쌍둥이 빌딩은 존재하지 않는다는 사실을 잠시 언급하기는 하지만, 이 이야기는 27년 후에 발생한 9.11 비극이 아닌 이 사건에 초점을 맞춘다.

- 드류 데이월트의 《전설의 가위바위보The Legend of Rock Paper Scissors》. 모든 사람이 가위바위보 놀이를 해보았을 것이다. 이 책은 이 놀이를 보다 유머러스하게 표현함으로써 10대들을 배꼽 잡게 할 것이다.

잘못 고른 책은 치워야 할까, 끝까지 **읽어야** 할까

읽어 주기에 훌륭한 책들이 너무나 많다. 하지만 때로는 글의 흐름이 좋지 않은 책을 고르거나 듣는 사람이 흥미를 잃기도 한다. 책을 치우기 전에 몇 장을 읽어 봄으로써 책에 기회를 주었으면 한다.

아이에게 책을 그만 읽을지 물어 보는 것은 언제나 좋은 일이다. 스콧 라일리는 지붕에서 떨어져 기억상실증을 앓고 있는 소년의 이야기인 고든 코먼의 《불량소년, 날다Restart》를 읽어주고 있었다. 스콧은 10대 딸이 흥미를 잃었다고 생각해 읽어 주기를 그만두려고 했다. 하지만 딸은 주인공에게 무슨 일이 일어나는지 알고 싶다며 계속 읽어달라고 했다. 당신이 물어보지 않으면 그 책이 효과가 있는지 결코 알 수 없다.

이런 접근법은 워싱턴북센터의 전 전무이사인 낸시 펄이 제안한 것으로, 그녀는 '한 도시, 한 책One City, One Book' 운동을 창안해 많은 도시의 동참을 이끌어냈다. 낸시는《책에의 갈망Book Lust:Recommended Reading for Every Mood, Moment, and Reason》에서 책을 읽어 주는 어른과 혼자 책을 읽는 아이들에게 이렇게 조언한다. "50세가 되기까지는 모든 책에 50쪽의 기회를 주라. 50세가 넘으면 100에서 나이를 뺀 쪽수만큼의 기회를 주라." 그녀는 이것을 '50의 법칙'이라고 부른다. 간단히 말해서, 독자가 작가로부터 받아야 하는 정신적 고문에는 한계가 있다는 것이다.

책을 읽어 준 후
꼭 **테스트**를 해야 할까

테스트는 분명히 필요하고, 그리고 그 테스트는 존재한다. 다만, 우리가 직접 테스트하는 것이 아닐 뿐이다. 그 테스트의 답은 시간이 주며, 우리가 가르치는 모든 것을 평가하는 진정한 테스트이다. 지금부터 10년, 20년, 30년 후에 아이들은 무엇을 기억할까? 배운 것 중에 무엇이 남아 있을까?

오하이오주 힐스버러에 사는 킴벌리 더글러스는 이 질문에 만족스러운 답을 얻었다. 1989년은 킴벌리가 이 책의 초판을 읽고 학생들에게 책을 읽어주기 시작한 지 2년째 되는 해였다. 다음은 그녀가 보낸 이메일의 일부이다.

저는 현재 1학년 교사들을 담당하는 행정관입니다. 학생들과의 관계 형성을 주제로 한 회의와 발표를 준비하면서, 저는 과거에 가르쳤던 제자 중 71명에게 페이스북을 통해 제가 담임했던 6학년 시절에 있었던 일을 기억나는 대로 알려 달라고 요청했습니다. 저는 분수의 나눗셈이나 구리의 화학기호 같은 것들도 상관없다고 했죠. 저는 그들의 기억 속에 정말로 무엇이 남아 있는지 알고 싶었어요. 제자들의 응답을 보고 저는 가슴이 벅차올랐습니다. 그들이 꽤 놀라운 것들을 기억해내기도 했지만, 공통적으로 가장 많이 기억하는 것은 우리가 함께 읽었던 책들이었어요. 우리는 책제목과 작가들에 관해 이야기했고, 그들은 자기 아이들에게도 같은 책을 읽어주었다고 말했습니다. 중요한 것은 제 제자들의 나이가 26~36세 사이였는데 《상냥한 벤Gentle Ben》, 《비밀의 숲 테라비시아Bridge to Terabithia》, 《클로디아의 비밀From the Mixed-up Files of Mrs. Basil E. Frankweiler》, 《손도끼Hatchet》, 《나의 올드 댄, 나의 리틀 앤Where the Red Fern Grows》을 비롯해 많은 책을 기억하고 있었다는 거예요. 몇몇은 제가 20년 전에 그랬듯이 자기 아이의 선생님들도 책을 읽어주었으면 좋겠다고 덧붙이더군요.

나는 킴벌리와 그 제자들 모두 테스트를 훌륭하게 통과했다고 말하고 싶다. 킴벌리의 이야기에서 알 수 있듯이, 책읽어주기는 그녀의 바람대로 학생들이 낳을 미래의 아이들이 열매를 맺을 씨앗을 심는 것이다. 또한 책읽어주기는 학생들이 수업 시간을 잘 지키거나, 적어도 출석을 잘 하게 되는 충분한 동기가 될 수 있다. 다음은 애리조나주 히글리에 사는, 수학과 과학 교육 분야의 우수교사 대통령 표창 수상자이자 책읽어주기의 신봉자인 낸시 풋의 체험담이다.

나는 일반 학교에서 20년 가까이 교사 생활을 하다, 이후 수년 동안 대안고등학교에서 학생들을 가르쳤다. 이 학교의 많은 학생이 법원의 판결을 받고 보호관찰 중인 중범죄자였다. 일부는 등교할 때를 제외하고는 집에서 나올 수 없는 가택연금 상태였고, 상당수가 마약 중독과 싸우고 있었다. 나로서는 상상할 수도 없는 중대한 문제를 가진 놀라운 아이들이었다.

아이들이 매번 늦게 오는 통에 수업은 늘 5분씩 늦게 시작되었다. 교정이 아담한 편이었기 때문에 아이들이 수업에 늦을 이유는 없었다. 그러나 아이들은 1, 2분씩 지각을 하거나 훨씬 더 늦을 때도 있었다. 나는 아이들이 제시간에 수업에 들어오게 할 방법을 궁리했다. 그때 워크숍에서 알게 된 앤드루 클레먼츠의 책 《프린들 주세요 Frindle》가 생각났다. 나는 이 거친 아이들이 이 책을 좋아할지 확신이 서지 않았지만 일단 시도해 보기로 했다.

수업 종이 울리기 정확히 3분 전에 나는 책을 소리 내어 읽기 시작했다. 종이 울린 후에도 나는 한 장을 끝까지 읽었다. 처음에는 내가 바보처럼 느껴졌다. 텅 빈 교실에서 혼자 읽고 있었으니까! 하지만 내가 이 책을 좋아했고, 닉은 내가 가장 좋아하는 인물 중 하나였기 때문에 괜찮았다. 며칠이 되지 않아 아이들은 닉의 이야기를 들으려고 수업에 일찍 들어오기 시작했다. 일주일도 안 돼 지각하는 학생들로 고민할 필요가 없어졌다. 《프린들 주세요》가 끝나자 우리는 제리 스피넬리의 《문제아Loser》를 읽었고, 다음에는 클레먼츠의 《보이지 않는 바비Things Not Seen》를 읽었다.

책을 읽어 준 후로 아이들이 수업시간을 잘 지키는 것은 물론 출석률도 높아졌다. 결석한 아이들은 못 들은 이야기를 궁금해했다. 책을 빌려서 혼자 읽는 아이들도 있었지만, 대부분은 점심시간에 교실에서 내가 읽어 주는 이야기를 들었다(학생들은 14~20세로 아주 어린 나이가 아니었다). 아이들은 다음 이야기가 듣고 싶어 안달이 난 듯했다.

그해 말 학생 중 키가 크고 호리호리한 청년 한 명이 나를 찾아왔다. 스물이었던 그는 필로폰 중독 치료를 받는 중이었다. 그는 어린 아들을 키우려고 했는데, 아기 엄마가 마약에 빠져 아기를 버렸기 때문이다. 그는 어린 아들처럼 힘든 싸움을 하고 있었지만, 거의 빠지지 않고 학교에 나왔고 마약도 끊었다. 그는 선생님의 도움이 컸다며 내게 감사 인사를 했다. 그는 내가 읽어 주는 책이 너무 재미있어 푹 빠져서 들었다고 했다.

그 전에는 아무도 그에게 책을 읽어 준 사람이 없었다고도 했다. 내가 처음이었던 것이다. 그리고 그는 아들에게 책을 읽어주겠다고 약속했다.

책읽어주기의 씨앗이 항상 바로 열매를 맺을 수는 없지만, 끈기를 갖고 기다린다면 보상이 있을 것이다.

04

혼자 읽기: 책읽어주기의 동반자

마틸다의 어리고 강인한 마음은
그 모든 작가의 영향을 받으며 성장해갔다.
바다에 배를 띄워 보내듯 세상에 내보낸 그들의 책과 함께.
이 책들은 마틸다에게 희망과 위로의 메시지를 건넸다.
'넌 혼자가 아니란다.'

로알드 달, 《마틸다》

책을 읽어 주는 가장 중요한 이유 중 하나는, 아이가 혼자서 책읽기를 즐기도록 동기를 부여하는 것이다. 책이나 신문, 잡지를 읽으며 즐기는 것이다! 질문으로 인한 방해도, 이해도 테스트도, 독후감도 없이 그저 즐겁게 읽으면 된다.

어른들은 오랜 시간 독서라고 불리는 행위를 해왔기 때문에 다양한 형태의 독서를 자연스럽게 받아들인다. 그러나 아이들은 그렇지 않다. 일리노이주 클라렌든 힐스에 사는 리 설리반 힐의 이야기는 그런 사실을 일깨워 주는 흥미로운 일화이다.

하루는 리의 어린 아들 콜린이 조용히 책을 읽고 있는 그녀에게 다가와 물었다고 한다. "뭐 하는 거예요?"

"책 읽고 있지." 그녀가 대답했다.

"그런데 왜 소리를 내지 않아요?"

그래서 리는 다른 사람에게 책을 읽어 주는 것뿐만 아니라 혼자 조용히 읽는 것도 독서임을 설명해 주었다. 그제야 콜린은 무언가를 깨달은 듯했다. "아, 아빠가 하는 거!" 콜린은 아버지가 혼자 조용히 책을 읽는 모습을 머릿속에 떠올린 것이다.

어린아이들만큼이나 일부 교육자들도 이 혼자 읽기 Sustained Silent Reading, SSR에 대한 이해가 부족한 것은 마찬가지이다. 한 중학교 국어 교사가 수업 시간 중 40분을 SSR 시간으로 편성하자, 그 학교의 교장은 그에 대해 이렇게 평가했다. "선생의 교실에서 상당한 양의 독서가 자유롭게 이루어지는 것을 보았습니다. 학생들이 지정된 책을 읽고 있다는 것은 알지만, 그런 독서는 교실 밖에서 이루어져야 합니다. 교실에서 교사는 학생들과 더 적극적으로 소통하고, 건전한 상식에 기초한 수업으로 학생들의 학업성취도를 높여야 할 것입니다."

나라면 그 교장 선생님에게 이렇게 답변하고 싶다. 첫째, SSR은 효과적인 교육 방법의 하나이며, 이는 수많은 연구 결과에 의해 입증된 것입니다.

둘째, 읽어 보지도 않은 책에 대해 학생들과 토론한다는 것은 불가능합니다. 그래서 아이들에게 읽을 시간을 주는 것입니다.

셋째, 학교 밖에서 책을 읽지 않는 학생들은 책을 싫어하거나, 집에서 혼자 책을 읽을 만한 장소도 시간도 마땅치 않은 아이들입니다. 제 교실은 그런 독서 질병을 치료하는 클리닉입니다.

넷째, 급격한 사회적 · 신체적 변화와 모순을 겪는 사춘기에 학생들의 여가독서율은 자연적으로 줄어들게 됩니다. 그 결과 아이들이 학교 밖에서의 시간을 올바로 사용하지 못할 수 있습니다. 그래서 독서만을 위한 체계적인 시간이 필요한 것입니다.

다섯째, 학생들이 다른 사람이 혼자 조용히 책 읽는 모습을 볼 수 있는 곳은 아마도 제 교실뿐일 것입니다. 그리고 어른이 일 때문이 아니라 즐거움을 위해 책 읽는 모습을 볼 수 있는 유일한 장소일 것입니다. 제 교실은 긍정적인 역할 모델의 실험실입니다.

읽기는 습득되는 **기술**이다

SSR은 한 가지 단순한 원칙에 기초한다. 그것은 '읽기는 습득되는 기술이다. 많이 읽을수록 잘 읽게 된다'는 원칙이다.

2002년, 수십 년간 34개 회원국의 학업성취도에 대한 조사를 지원했던 경제협력개발기구OECD는 그 결과를 〈변화를 위한 읽기Reading for Change〉라는 보고서로 발간했다. 이 조사는 32개국 16세 학생 25만 명의 읽기 능력을 비교한 것이다. 어느 나라나 소득수준에 상관없이 '가장 많이 읽는 아이가 가장 잘 읽는' 것으로 밝혀졌다. 10년 전 국제교육평가협회IEA에서 시행한 유사 연구에서도 32개국 21만 명 학생들의 읽기 능력을 비교한 바 있다. 이 연구에서도 (소득 수준에 상관없이) 점수가 높은 학생들은 '교사가 매일 책을 읽어 주고, 자신도 매일 즐겁게 책을 읽는다'는 공통점을 지니고 있었다.

더욱이 SSR의 빈도는 점수에 뚜렷한 영향을 미쳤다. 매일 책을 읽는 아이들은 일주일에 한 번 읽는 아이들보다 훨씬 점수가 높았다. 국가교육평가원NAEP에서 35년간 수십만 명의 학생들을 평가한 결과도 마찬가지였다. 책읽어주기와 혼자 읽기가 중요하다는 증거는 넘쳐난다. 그럼에도 대부분의 학교에서는 학생들에게 책을 읽어 주지도, 혼자 읽을 시간을 주지도 않는다.

혼자 읽기의 진정한 **효용**은 무엇일까

가장 단순하게 말하면, SSR을 오래 충분히 할수록 책을 막힘없이 술술 읽게 된다는 것이다. 단어 하나하나에 걸려서 멈추게 되면 의미뿐만 아니라 흐름을 잃게 되고 피로감마저 느끼게 된다. 막힘없이 술술 읽게 되는 것이 목표이다. 책의 선정도 SSR의 성공을 결정하는 요인이다.

SSR은 또한 읽기 태도와 능력을 눈에 띄게 향상시킨다. 국제독서협회의 선임연구원이자 전 회장인 리차드 엘링턴은 이렇게 지적한다. “책을 잘 읽지 않는 아이가 하루에 15분씩 책을 읽게 되면 초기에 500단어를 습득하고, 숙달되는 만큼 단어를 습득하는 속도도 빨라지게 된다.”

초등학교 3학년이 되면 기초적인 교과서나 일상의 대화보다도 SSR이 아이들의 어휘력을 늘리는 가장 중요한 원천이 된다. 읽기 위원회는 이렇게 말하고 있다. “기초적인 교과서는 일반 도서에 비해 그 어휘와 문장 구조, 문학 형태의 풍성함이 형편없이 빈약하다. …기본적인 내용만을 접하는 독서 다이어트로는 아이들이 진짜 문학을 즐길 수 있는 준비를 하지 못한다.”

2009년 카네기멜런대학교 연구진은 읽기에 어려움이 있어 100시간의 읽기 교정을 받은 아이들의 뇌의 연결망이 이 과정에서 유의미하게 재조정되었다고 밝혔다. 아이들의 초기 뇌 스캔에서는 뇌의 다른 부분과 연결되는 백질의 양이 적게 나타났는데, 읽기에 중점을 둔 수업을 마친 후에는 백질이 정상 양으로 증가해, 마치 유선 인터넷에서 와이파이로 넘어가듯이 아이들의 읽기 능력이 향상된 것이다.

혼자 읽기는 어떻게 **지도**해야 할까

최근 연구에서는 SSR의 효과를 최대화하기 위해서는 학교 SSR

의 운용 실태를 점검해 볼 필요가 있음을 지적하고 있다. 2010년 유명한 독서전문가인 히버트와 로이첼은 SSR의 개선 방법을 다음과 같이 제안했다.

- 학생들 스스로 읽을 책을 선택한다. 교사와 사서들은 학생들이 혼자 읽기에 성공하도록 그들이 흥미로운 텍스트를 선택할 수 있도록 안내해야 한다.
- 학생들은 일정한 시간 집중해서 책을 읽도록 한다. 이는 책을 읽는 동안 친구와 대화를 하거나 다른 학급 활동에 참여하지 않는다는 뜻이다.
- 학생들이 읽은 내용을 설명할 수 있어야 하는데, 이는 몰입도와 숙련도를 높이는 데 도움이 된다. 그렇다고 학생에게 질문을 퍼붓는다는 것은 아니다. 학생은 자신이 읽은 책에 대해 다른 학생들과 잠시 이야기할 기회를 가질 수 있어야 한다.

SSR 시간 동안 교사는 책을 읽으면 안 된다는 히버트와 로이첼의 생각에 나는 동의하지 않는다. 교사는 SSR의 중요한 역할 모델이 된다. 많은 학생이 교사의 읽기 습관을 답습한다. 아이들은 교사가 책을 읽다가 사전을 찾아보는 모습을 보고 똑같이 따라할지도 모른다. 교사가 SSR 시간에 잡무를 보거나 학생들을 단속하면 역할 모델 효과가 사라진다. 또한 히버트와 로이첼의 제안대로 교사가 자신이 읽고 있는 내용에 대해 어느 한 학생과 이야기한다면 다른 학생들이 산만해질 수 있다.

SSR 효과에 의문을 제기한 연구가 여러 건 발표되었다. 일부 연구는 SSR 시간에 학생들이 교사를 속이려고 책장을 넘기며 읽는 시늉만 하는 '가짜 독서'가 일어나고 있다고 밝혔다. 아이들이 책을 읽지 않는 것 같다면, 교실에서의 SSR 운영 방식에 문제가 있을지 모른다.

어떤 문제들이 있을까? 우선, SSR의 엄격한 운영을 들 수 있다. 언어와 독서 분야의 독보적 연구자인 스티븐 크라센은 때때로 SSR 중에 학생들이 자리를 뜨지 못하게 한다는 것을 알았다. 많은 경우 교사들이 일으키는 이런저런 혼란으로 인해 SSR 중인 학생들이 산만해져 읽기가 끊기기도 했다. 학생들은 읽고 있는 책이 너무 어렵거나 재미없을 때 다른 책을 선택할 수 있다는 것을 모르는 경우도 있었다. 또한 읽고 나서 질문에 답을 해야 하는 학생들은 SSR에 부정적인 태도를 보였다. 이런 일은 학생들에게 부담을 주는 것으로 더는 즐거움을 위한 읽기로 여길 수 없다.

혼자 읽기는 읽고 싶어서 **읽는** 것이어야 한다

스티븐 크라센은 혼자 읽기, 즉 그의 표현대로 FVR Free Voluntary

Reading, 자유롭게 자발적으로 읽기이란 "읽고 싶어서 읽는 것"이라며 "학령기 아동에게 FVR은 독후감도 쓰지 않고, 책 끝에 질문도 없으며, 모든 어휘를 찾아보지도 않는다는 의미이다"라고 설명했다. 우리는 스스로 독자가 되어 각 장이나 책을 다 읽고 난 뒤 독후감을 쓰거나 퀴즈를 봐야 하는 것인지 생각해봐야 한다. 아이들도 즐거움을 위해 책을 읽고 싶어하며, 무언가를 해야 한다는 부담감 때문에 방금 느낀 즐거움이 주는 경이감이 증발되는 것을 원치 않기는 마찬가지이다.

우리의 목표는 아이들을 평생 책을 좋아하는 사람으로 키우는 것이다. 아이들이 시간을 투자할 가치가 있다고 여길 만한 주제와 작가, 장르, 형식을 탐구할 기회를 제공하자. 부모나 교사, 교직원들이 혼자 읽기에 소요되는 시간을 합리화할 필요를 느낀다면, 그저 아이들을 관찰하면 된다. 나는 교실에서 아이들이 책상 밑에 누워 있거나, 쿠션을 받치고 구석에 웅크려 있거나, 책상에 앉아 책에 코를 박고 있는 모습을 보았다. 대부분은 다른 사람이 한 방에 있다는 사실조차 모른다. 나는 아이들이 웃음을 터트리거나 얼굴을 찌푸리거나 고개를 젓거나, 심지어 '이럴 수가!'라는 말을 무심결에 내뱉기도 하는 모습을 보았다. 빰에 눈물이 흘러내리는 아이들까지 있었다. 아이들이 돌아서서 다른 아이에게 말을 건네거나 여럿이 이야기를 나눌 때 "그 책이 슬프니? 왜 웃었어? 지금 읽고 있는 책을 추천하고 싶니?" 같은 말들이 들릴 것이다.

책을 평하는 것은 책에 적극적으로 참여하는 행위이며, 다른 사람들과 의견을 나눌 기회이기도 하다. 즐거움을 위해 읽으면 책을 좋아하게 된다.

혼자 읽기 **원칙**은 **가정**에도 적용된다

교실에 적용되는 혼자 읽기 원칙은 가정에도 그대로 적용된다. 초등학교 때까지는 아이가 학교에서 지내는 시간보다 훨씬 많은 시간을 학교 밖에서 보내므로, 당연히 부모는 가정에서의 SSR에 적극적으로 관여해야 한다.

교실에서는 교사가 중추적인 역할을 한다면, 가정에서는 부모가 그 역할을 해야 한다. 자신은 TV를 보면서 아이에게는 책을 읽으라고 밀어내서는 안 된다. 물론 책 읽는 시간은 자기 가족에게 맞게 조절할 수 있다. 처음에는 10~15분 정도로 시작해, 나중에 이런 방식의 책읽기에 익숙해질 때 시간을 늘리는 것이 현명하다. 종종 아이가 먼저 더 오래 읽게 해달라고 자청하기도 한다. 교실과 마찬가지로 가정에도 그림책과 소설, 잡지 등의 다양한 읽을거리가 있어야 한다. 매주 도서관을 찾으면 이런 필요를 충분히 채울 수 있다. 32개국 10대들을 대상으로 한 국가교육평가원NAEP의 30년에 걸친 조사에서, 가정에 더 다양하고 풍부한 읽을거리가 있는 아이일수록 읽기 성적도 높다는 점이 입증되었음을 기억해야 한다. 또한 가정에서의 성공적인 SSR을 위해서는 3B의 읽기 도구(Books, Book Baskets, Bed Lamps)도 잊지 말아야 한다.

가정에서 이루어지는 SSR은 시간 선택도 중요하다. 가장 이상적인 것은 잠자리에 드는 시간일 것이다. 그 시간에는 아이가 잠자는 것 말고 포기해야 할 다른 재미있는 활동이 없기 때문이다.

아이들이 혼자 읽을 책을 선택할 때 '다섯 손가락 규칙'을 이용하면 도움이 된다. 이 방법은 아이가 아무 쪽이나 펴서 책을 읽다가 모르는 단어가 나올 때마다 손가락을 들어올리는 것이다. 그 쪽이 끝나기 전에 아이가 다섯 손가락을 들어올리면 그 책은 혼자 읽기에 너무 어려운 책이다. 아이가 여전히 그 이야기를 들을 기회가 있으므로, 그런 책은 읽어 주는 편이 나을 수 있다.

읽기의 **중요성**을 알면서도 왜 **책**을 읽지 않을까

스콜라스틱의 〈아동과 가족 읽기 보고서Kids & Family Reading Report〉는 부모와 자녀 2,718명을 대상으로 읽기에 대한 태도와 습관을 조사한 것이다. 7~18세 아이의 86%가 읽기가 자신의 미래에 매우 중요하다고 답했지만, 재미로 책을 읽는다고 말한 아이는 거의 없었다. 13~15세 그룹에서 특히 두드러졌다. 읽기를 하지 않는 이유 중 하나는 읽고 싶은 책을 찾을 수 없기 때문이라고 했다.

어른들의 읽기도 줄고 있다. 소설이든 단편이든 시든, 미국 성인의 문학 독서율은 2016년에 43%로 30년 만에 최저치로 떨어졌다.

사람들은 왜 책을 읽을까? 읽기를 즐거움으로 여기는 사람이 있는가 하면, 읽기를 통한 정보 수집에 만족하거나 성적 향상이나 졸업장을 기대하는 사람도 있다. 또 어떤 사람은 친구나 북클럽 회원, 상사나 교사에게 더 깊은 존경과 신망을 얻을 것이라 생각할 수도 있다.

우리가 책을 읽을 때 부딪치는 문제와 어려움은 많다. TV나 컴퓨터, 이메일, 휴대전화, 소셜 미디어, 아니면 어수선한 집이나 학교 환경 같이 집중을 방해하는 요인이 주요 문제인 사람이 있는가 하면, 책이나 잡지, 신문 같은 읽을거리가 부족한 게 문제인 사람도 있다. 또는 일이 너무 많거나, 아이들을 키우거나, 게임이나 쇼핑에 빠져 있거나, 빡빡한 학교생활과 사회 활동으로 읽을 시간이 없거나, 학습 장애가 있어 읽는 데 어려움을 느끼는 사람도 있으며, 학교나 읽기에 부정적인 태도를 지닌 가족이나 친구들에게 둘러싸여 있는 사람도 있다.

이 모든 요인이 한 개인이 얼마나 자주 책을 읽는지를 결정할 것이다. 집중을 방해하는 요인들을 제거하고 매일 읽는 시간을 정해 놓으면 훨씬 더 자주 읽게 될 것이다. 그리고 그 빈도가 높은 학생일수록 학업성취율이 높을 것이다. 가장 많이 읽는 사람이 가장 잘 읽는 법이다.

이는 닦으라고 하면서 왜 **책은** 읽으라고 하지 않을까

대부분의 부모가 강제로 아이에게 이를 닦게 하거나, 방 청소를 하게 하거나, 애완동물에게 먹이를 주게 한 경험이 있을 것이다. 아이가 이런 일들을 순순히 받아들이기도 하지만, 그렇지 않은 때도 있다. 부모들은 아이에게 이런 일들을 강요하지 않고 스스로 하도록 인도하는 게 훨씬 좋은 줄은 알지만, 때때로 그럴 만한 시간도, 선택의 여지도, 인내심도 없는 경우가 있다. 그런데 왜 부모들은 이 같은 논리를 읽기에는 적용하지 않는 것일까? 부모가 읽기를 강요하지 않으려는 이유는, 아이가 자라서 책을 멀리하게 될지도 모른다는 걱정 때문이다. 강제로 이를 닦고 속옷을 갈아입게 한 열 살짜리 아이가 어른이 되면 그 일을 하지 않을까? 결코 그렇지 않다. 그러면 왜 우리는 책을 강제로 읽게 하면 책에 대한 애정을 죽이게 된다고 생각하는 것일까?

물론 '강요'라는 단어보다는 '요구'라는 단어가 더 좋은 표현이다. 거의 모든 아이에게 학교에 다닐 것을 요구하고, 차를 운전하는 모든 어른에게 규정 속도를 지킬 것을 요구하지만, 이 '요구 사항' 때문에 그 대상을 혐오하게 되지는 않는다. 이 요구 사항에서 가시를 빼내는 방법은, 그것이 매력적이고 재미있어서 마침내 즐거움이 되도록 하는 것이다. 책읽어주기의 역할이 바로 그것이다.

아이가 제대로 된 읽기 능력을 갖추지 못하면 큰 성취를 이룰 기회를 가질 수 없다. 아무것도 요구하지 않으면 아무것도 이루지 못한다. 그러면 책읽기를 요구하는 동시에 이를 즐겁게 느끼게 하는 방법은 어떤 것일까? 우선, 즐거움은 가르치기보다 감염되는 것이라는 점을 되새기자. 그리고 다음의 사항을 명심하자.

- 어른이 역할 모델로서 매일 책을 읽어야 한다. 아이와 같은 시간에 읽으면 더 좋다.
- 아주 어린 아이의 경우에는 책의 그림을 보고 책장을 넘기는 것만으로도 '읽기'라고 할 수 있다. 책 잡는 법을 알고, 글이 왼쪽에서 오른쪽으로 흐른다는 것을 이해하며, 이야기를 좋아하게 되는 것 모두가 초기 독서 기술이다.
- 아이가 읽고 싶은 책을 스스로 선택하게 한다. 그것이 자기 수준에 맞지 않는다 해도 어쩔 수 없는 일이다.
- 책 읽는 시간을 정한다. 처음에는 짧게, 아이가 자라 더 오래 읽을 수 있게 되면 시간을 길게 잡는다.
- 만화책과 잡지, 신문도 읽기의 일종이다.

여기에서는 아이가 책을 스스로 선택하고 스스로 흥미를 느끼게 하는 것이 중요하다. 아이가 좋아하는 책을 읽게 하자. 안타깝게도, 학교의 여름방학 권장 도서 목록은 아이들이 아니라 교사들이 흥미를 느끼는 책들이다. 그런 경우라면, 아이와 같은 시간에 권장 도서를 읽고 책에 관해 대화를 나눌 수 있도록 하자.

아이에게 책을 의무적으로 읽히는 일이 그래도 꺼림칙하다면 이렇게 생각해 보자. 즉 아이에게 강제로라도 이를 닦게 하고 방을 치우게 하면서 책은 읽게 하지 않는 것은, 위생과 집안일을 아이의 두뇌보다 중요하게 생각하는 격이 아닐까?

컴퓨터 독서 **프로그램**이 읽기에 **도움**이 될까

1학년을 처음 가르칠 때 나는 기본 읽기 교재를 들고 읽기 지도를 해야 했다. 이 교재에 수록된 각 이야기는 한 수업에 하나씩 3~6일 동안 가르칠 분량으로 섹션이 나뉘어 있었다. 각 이야기에 담긴 어휘들은 모두 검토를 거쳐 걸러낸 단어인 데다 그 수도 한정적이었다. 각 섹션 끝에는 아이들의 이해도를 테스트하기 위한 긴 질문 목록이 있었다. 이 이야기들은 대개 기본 읽기 시리즈에 수록한다는 특수한 목적하에 쓰인 것들이어서 읽거나 토론하기에 끌리지도, 흥미롭지도 않았다.

학급 아이들은 읽기 능력을 기초로 두 그룹으로 나뉘었다. 언젠가 책을 가장 능숙하게 읽는 그룹에서 버나드 와버의 실제 경험담을 담은 《처음 친구 집에서 자는 날Ira Sleeps Over》을 읽고 있었다. 이 책은 처음으로 친구 집에 자러 가는 소년이 곰인형을 가져가면 놀림을 받을까 걱정하는 이야기로 대부분의 아이가 공감할 수 있는 내용이었다. 이 그룹의 아이들은 6일 동안 읽어야 할 이 책을 이틀 동안 재미있게 읽었다(나는 마침내 하루에 한두 쪽씩 읽는 것은 이해도나 숙련도에 아무 도움이 되지 않는다는 것을 깨달았다). 그 다음 주에 학교 도서관을 방문했을 때 이 중 한 아이가 책장에서 《처음 친구 집에서 자는 날》을 발견하고 곧바로 빌렸다. 그 아이는 이 책을 빨리 읽고 싶어 다음 시간까지 기다릴 수가 없었던 것이다. 하지만 그 아이는 단어를 '단순화한' 기본 읽기 교재보다 어려운 이 책을 읽는 데 어려움을 겪었다. 기본 읽기 교재에는 종종 와버의 책을 매우 재미있게 만드는 흥미로운 단어들이 일부 빠져 있었다. 안타깝게도 그 학생은 실망과 좌절 속에 다음날 도서관에 책을 반납했다.

컴퓨터 독서 프로그램이 도입되었을 때 나는 '진짜real' 책을 읽는다는 사실에 흥분했다. 다만, 외적인 보상이나 상, 성적이 이 프로그램의 초점이라는 사실은 탐탁지 않았다. 나는 즐거움을 위해 책을 읽는 것과 같은 내적인 보상을 선호했다. 그럼에도 올바른 방향으로 한걸음 내딛는 듯했다.

두 개의 대표적인 프로그램인 엑설레이티드 리더Accelerated Reader와 스콜라스틱스 리딩 카운트Scholastic's Reading Counts의 운용 방식은 이렇다. 즉 학급이나 학교 도서관에 대중적이거나 전통적인 아동 도서들을 비치하고 각 책의 난이도를 평가한다(두껍고 어려운 책일수록 포인트가 더 높다). 학생이 책을 다 읽고 나면 컴퓨터 프로그램으로 문제를 풀게 한다. 컴퓨터 퀴즈를 통과한 학생은 포인트를 얻게 되는데, 이것을 학교 티셔츠나 피자 파티, 지역 업체에서 기증한 상품 등으로 교환할 수 있다. 두 프로그램 모두 SSR을 강력히 지원하므로 도서관에 상당량의 도서가 필요하다. 엑설레이티드 리더와 스콜라스틱스 리딩 카운트 모두 기능이 확장되어 포인트 적립을 넘어서 학생들을 관리하고 평가하는 단계까지 와 있다.

지난 수년간 학교에서 엑설레이티드 리더와 스콜라스틱스 리딩 카운트 프로그램을 운용하는 방식에 우려를 표하는 담당 교육자와 사서들이 점점 늘고 있다. 이들 프로그램의 본래 목적은 내켜하지 않는 독자들을 포인트와 보상을 이용해 책읽기로 유도하는 이른바 '당근과 채찍' 전략을 구사하는 것이었다. 한동안 비평가들의 큰 불만은 포인트와 보상을 이용한다는 것이었다. 독자들을 격려하고자 시작된 방법이지만 도를 넘어섰다. 이런 방식을 사용한 후에는 무엇이 되었든 보상이 없으면 책을 읽지 않게 된다.

다음은 컴퓨터 독서 프로그램을 도입한 부유한 지역의 상당수의 (학교와 도서관) 사서가 상상하는 시나리오이다.

> 부모는 필사적으로 '7점짜리 책'을 찾으러 도서관에 온다.
>
> 사서는 "아드님이 어떤 책을 좋아하죠?"라고 묻는다.
>
> 부모는 조바심을 감추지 못하고 대답한다. "상관없어요. 포인트 집계가 끝나는 이번 주까지 7포인트를 더 쌓아야 해요. 7점짜리 책 아무거나 주세요."

최근에 나는 2학년 손자를 걱정하는 할머니가 SNS에 올린 글을 읽었다. 손자는 집에 책이 많아서 혼자서 성공적으로 읽을 수 있는 책을 집에서 스스로 골랐다. 안타깝게도 그 아이는 학교에서 엑셀레이티드 리더의 연간 목표를 달성하지 못했다. 그의 학급은 목표를 달성한 아이들을 위해 하루 종일 축하 행사를 열었고, 목표에 못 미친 아이들은 다른 교실에서 책을 읽으며 그날 하루를 보냈다. 할머니가 보기에 이는 처벌이었고, 분명히 손자의 독서 동기를 높이는 데에도 도움이 되지 않았다.

엑셀레이티드 리더 프로그램에 대한 또 다른 통찰은, 수상 경력이 있는 한 어린이책 작가의 사례에서 살펴볼 수 있다. 그녀는 최근에 학교를 방문하면서 자신의 책에 대해 엑셀레이티드 리더에서 무슨 질문을 할지 궁금해졌다. 컴퓨터로 이야기를 얼마나 잘 이해했는지를 평가하는 테스트를 받은 그녀는 처참하게 낙제 점수를 받았다. 대체 이 프로그램은 책에 관해 어떤 종류의 질문을 하는 것일까? 구조화된 질문은 아이들이 이야기와 자신의 생활을 연결할 가능성도 빼앗는다.

컴퓨터 프로그램을 옹호하는 연구는 적절한 대조군을 이용한 장기 연구가 없다는 점 때문에 뜨거운 논쟁을 불러일으키고 있다. 실제로 학생들의 독서량이 늘기는 했지만, 교육구가 학교 도서관에 돈을 쏟아 붓고 교과 과정에 SSR을 추가한 때문이 아닐까? '컴퓨터' 수업 25개와, 학급 문고와 학교 도서관의 장서가 풍부하고 매일 SSR을 시행하는 수업 25개를 비교하는 장기 연구는 어디에 있을까? 아직까지는 없다.

믿든 말든, 컴퓨터 프로그램 없이도 읽기 성적이 향상되고 있는 지역 사회가 있다. 이곳 학교에서는 학급 문고와 학교 도서관에 장서가 풍부하고, 교사들이 아이들에게 책을 읽어 줌으로써 동기를 부여하며, 사서들이 책을 소개하고, SSR이 교과 과정의 필수적인 부분으로 자리하고 있다. 마이크 올리버 교장이 있는 애리조나주 메사의 제임스 K. 자하리스 초등학교가 그런 곳 중 하나이다. 이 학교는 컴퓨터 프로그램에 들어갈 돈을 도서관 장서를 늘리는 데 썼다. 안타깝게도 이런 학교는 드물다. 읽기 성적이 좋지 않은 학교들은 교사들의 아동문학 지식이 부족하고, 도서관 장서 수가 지극히 빈약하며, 아이들이 스스로 책을 고르고 읽을 시간에 반복 학습과 문제 풀기에 바쁜 경우가 많다.

컴퓨터 독서 **프로그램**의 다른 **문제점**은 없을까

다음은 컴퓨터 독서 프로그램을 시행할 때 특히 경계해야 할 부작용이다.

- 컴퓨터가 대신 문제를 내주기 때문에 일부 교사와 사서들은 아동/청소년 도서를 읽지 않는다.
- 문제의 답이 제공되기 때문에 책에 대한 토론은 줄고, 전자 점수만 중요해진다.
- 프로그램(포인트)에 포함된 것들로 학생들의 책 선택 범위가 좁아진다.
- 학생들 사이에 포인트를 얻기 위한 경쟁이 붙게 되면, 일부 학생은 자신의 수준을 훨씬 뛰어넘는 책을 읽으려다 결국 좌절하게 된다.

이런 프로그램에 소중한 예산을 쓰기 전에 교육구는 다음과 같이 목적을 확실히 해야 한다. 즉 이 프로그램으로 아이들의 독서 동기가 높아지거나 성적이 향상되는가?

이런 이야기를 하는 이유는 컴퓨터 독서 프로그램을 헐뜯으려는 게 아니라 한 걸음 물러나서 그것이 어떻게 사용되고 있는지 살펴보기 위해서이다. 읽기 수준이 정해진 실제 책에 대한 이해도를 테스트하기 시작하면 아이들과 그들의 읽기 능력을 평준화하거나 등급을 매기게 되어, 어쩌면 즐길 수도 있는 책을 아이들이 접하지 못할 수도 있다. 이 방법으로 혼자 읽기, 더 나아가 평생 독자를 어떻게 만들지 나는 모르겠다.

렉사일은 혼자 읽기에 어떤 **영향**을 미칠까

렉사일Lexiles은 1980년대에 메타메트릭스의 회장과 CEO였던 말버트 스미스와 A. 잭슨 스테너가 개발했다. 그들은 교육 분야에 과학철학자들이 말하는 '측정의 단일화' 즉 책읽기에 사용할 수 있는 공통 척도가 없다고 생각했다. 그들은 가장 복잡한 텍스트에서 문장의 길이와 어휘를 분석해 렉사일 지수 범위 0~2000L 내에서 등급을 나누는 특허 알고리즘을 만들었다. 미국 공통 학습 기준Common Core State Standards은 렉사일을 채택해 각 학년의 학생들에게 적합한 책이 무엇인지 분류했다.

아이들이 성공적으로 읽을 수 있는 책을 찾는 것을 바라지 않는 게 아니다. 렉사일 지수가 책을 선택하고 권하는 유일한 기준이 될까 우려하는 것이다. 4학년생을 위한 책은 렉사일 지수 470L에서 950L 사이가 될 수 있다. 제프 키니의 《윔피 키드Diary of a

Wimpy Kid》는 렉사일 지수 950L, 하퍼 리의 《앵무새 죽이기 To Kill a Mockingbird》는 870L, 존 스타인벡의 《분노의 포도 The Grapes of Wrath》는 680L 수준의 아이들에게 권장되는 책이다. 《윔피 키드》는 확실히 4학년생 대부분이 더 좋아할 것이고, 다른 두 권의 책은 이야기에서 다루는 중대한 문제를 이해하려면 어느 정도 정서적으로 성숙해야 할 것이다.

부모와 교사, 사서들은 이런 종류의 지수를 무조건 따르는 것을 경계해야 한다. 우리는 책읽기를 제한할 게 아니라 장려해야 한다. 또한 아이들이 목록을 보고 렉사일 지수를 확인할 필요 없이, 특히 혼자 읽을 책은 스스로 선택하는 법을 배워야 한다.

시리즈물은 아이들의 **문학**이다

목록이 없다면 아이들이 '양질'의 문학을 읽고 있는지 어떻게 알 수 있을까? 무엇보다 혼자 읽기의 핵심은 선택이라는 점을 기억하자. 그리고 많은 경우 아이들은 시리즈물을 선택한다. 우리 중 많은 사람이 낸시 드류나 주니 B. 존스, 구스범프, 매트 크리스토퍼 스포츠 북과 같은 시리즈물을 읽으며 자랐다. 작가들은 시리즈물이 우리 문학 유산의 일부라고 생각하며, 그렇게 대우한다. 작가 아비는 미국도서관협회 회의 중에 이렇게 말했다. "시리즈물이 다른 어떤 책들보다 '아이들의 문학'인 이유는 아이들이 시리즈물을 읽는 어른들을 보지 못하기 때문입니다. 아이들은 시리즈물을 자신들의 '문학'으로 여깁니다."

왜 아이들은 시리즈물을 그렇게 좋아할까? 한 가지 이유는 등장인물이 친숙하게 느껴지기 때문이다. 작가가 일관성 있게 등장인물을 발전시켜가므로 아이들은 그들의 익살맞은 행동에 재미있어하고 그들의 행동을 이해한다. 작가 애니 배로스는 아이비 앤 빈Ivy+Bean 시리즈 10권 정도면 충분하다고 판단했지만, 독자들은 그렇게 생각하지 않았다. 그들은 배로스에게 편지를 보내서 시리즈를 계속 이어가도록 설득했고, 이는 효과가 있었다! 열한 번째 책인 〈아이비 앤 빈: 행복한 대가족Ivy+Bean: One Big Happy Family〉이 2018년 출간되었다. 독자들은 배로스의 책에 등장하는 두 주인공을 이해하고 사랑하게 되었다.

아이들이 시리즈물을 좋아하는 또 다른 이유는, 문장 구조가 단순해 줄거리를 쉽게 예측할 수 있기 때문이다. 마저리 와인먼 샤매트의 네이트 더 그레이트Nate the Great를 즐겨 읽는 아마추어 탐정들이라면, 보통 이 소년이 사건을 추적하기도 전에 그 미스터리를 풀 수 있다. 이는 독자들이 샤매트가 이 인기 있는 시리즈를 쓸 때 사용하는 공식을 이해했기 때문이다.

그리고 마지막으로, 아이들은 책 한 권을 다 읽고 나면 성취감을 느껴 다음 책을 몹시 기대한다. 책읽기에 성공했다고 느낄 때 아이들은 자신감을 얻는다.

어른이 되어 훌륭한 독서가가 된 사람 중에는 어린 시절 만화광이었던 이들이 많다. 만화책의 인기와 성공 비결은 시리즈물의 그것과 다름없다. 만화책은 '그래픽' 형식으로 발전해 왔다. 어린 아이에게 만화책이 어떤 것인지 꼭 보여주어야 한다. 네모진 칸의 순서, 인물이 생각할 때와 말할 때의 표현 방식, 별과 물음표와 느낌표의 의미를 이해할 수 있게 해주어야 한다. 그래픽 소설에 대한 자세한 내용은 7장에, 추천 도서는 보물창고에 들어 있다.

오프라의 북클럽은 어떻게 **성공**했을까

오프라와 그 제작진은 영리하게도 처음부터 '수업'이라는 단어를 입에 담지 않았다. 그들은 준비와 과제, 시험이 연상되는 이 단어가 다수의 청중에게 어떻게 느껴질지 잘 알고 있었다. 그래서 그들은 소속과 회원, 초대의 느낌을 풍기는 '클럽'이라는 단어를 사용했다.

오프라는 책을 고른 후 2천 2백만 명의 청중에게 걸어가서 그 책에 대해 이야기했다. 오프라는 활기차게, 열렬하게, 그리고 진지하게 이야기했다. 독후감이나 테스트, 진부한 디오라마는 없었으며, 예스러운 뜨거운 열정이 전부였다. 2011년 오프라 윈프리쇼는 종영되었지만, 오프라는 자신의 웹사이트와 잡지를 통해 계속해서 책을 추천하고 있다.

오프라의 북클럽이 성공을 거둔 가장 중요한 이유는, 그녀가 너무 많은 교육자가 망각한 사실, 즉 우리가 말을 사용하는 종이라는 점을 인식했기 때문이다. 우리는 무엇보다 말로 우리 자신을 표현한다. 긴장감 넘치는 영화나 신나는 야구 경기, 훌륭한 콘서트를 보고 난 후에 우리가 제일 먼저 하고 싶은 것은 그것에 대해 말하는 것이다. 내가 남편과 멋진 영화를 보고 난 후에 차로 달려가 사물함에서 메모지를 꺼내 영화의 주제라도 적을 것 같은가? "여보, 주제가 뭐라고 생각해?"

오프라가 북클럽을 시작했을 때 전국적으로 25만 개의 독서 토론 모임이 있었다. 지금은 50만 개가 넘는데, 아쉽게도 거의 모두가 여성 회원들이다. 지미 팰런과 같은 다른 유명인들도 5권의 책을 소개한 후에 시청자에게 온라인에서 좋아하는 책에 투표하게 하는 북클럽을 만들었다. 리즈 위더스푼은 책 선정에 큰 성공을 거두어 출판사들이 그녀가 선택한 책에 '리즈 북클럽' 스티커를 붙이고 있다. 이런 일들은 책읽기가 값진 것임을 방증한다. 또한 유명인들이 책을 제안할 때 어떤 일이 일어날 수 있는지, 그리고 그들이 독서 전문가는 아닐지라도 독자임을 보여 준다.

당신이 진지하게 가족이나 학급을 위해 독서 토론 모임을 만들어 볼 생각이 있다면, 내가 첫 번째로 추천하는 안내서는 책의 정수를 '꿰뚫는' 방법을 알려 주는 낸시와 로렌스 골드스톤이 쓴 《펭귄 해체하기Deconstructing Penguins: Parents, Kids, and the Bond of Reading》이다. 두 저자는 "아이와의 효과적인 독서 토론에 영문학 석사 학위나 주 40시간의 여가 시간이 필요한 것은 아니다. 우리가 읽을 책은 《죄와 벌》이 아니라 《샬롯의 거미줄》이니까"라고 말한다.

오프라와 리즈, 사라, 지미는 엄밀히 말해 독서 교사는 아니지만, 다른 사람들을 고무시켜 책을 읽게 한다. 아이가 학교나 도서관에 들어가서 이 셀럽 북클럽과 같은 교사나 사서들을 만난다면, 그들에게 고무되어 그들이 추천하는 특정 작가나 책을 읽을 가능성이 훨씬 커진다. 그때 아이는 학교 밖에서 책을, 그것도 많이 읽을 것이다. 가장 많은 시간을 보내는 차 안과 침대, 화장실, 아침 식탁에서 말이다. 그리고 책갈피를 수없이 넘기며 아이는 집이나 가족에게서 듣지 못할 어휘를 쌓아갈 것이다. 그것은 모든 아이에게 어마어마한 선물이다.

05

병어리 아버지들의 변화가 필요한 이유

아빠만 옆에 있으면
우리는 못할 게 없어요.

수쉬, 《내 옆의 아빠》

작가이자 삽화가인 수쉬의 데뷔작《내 옆의 아빠Dad by My Side》에서 아버지는 아이와 함께 여러 가지 인상적인 놀이를 즐긴다. 어느 때는 가장 놀이를 하고, 어느 때는 새로운 놀이를 시도하며, 또 어느 때는 침대 밑에 숨은 괴물을 내쫓기도 한다. 이런 놀이는 아버지가 아이에게 책을 읽어 줄 때처럼 부모와 아이의 유대감을 지속해서 긍정적으로 높여 준다.

내 동료인 션 더들리는 두 소년의 아버지이자 애리조나주립대학교의 연구기술 전무이사로 재직하고 있다. 션은 개인적으로나 직업적으로, 특히 기술 분야에서 항상 자신을 몰아붙이는 사람이다. 그는 자신의 왕성한 호기심이 부모 특히 아버지 때문이라고 생각한다. 그의 부모, 대개는 아버지가 그와 형제들에게 책을 읽어 주었다고 한다. 션은 조지프 러디어드 키플링의 《리키 티키 타비Rikki-Tikki-Tavi》 같은 이야기가 담긴 리더스 다이제스트 북 시리즈를 기억한다. "항상 우리보다 조금 높은 수준의 책을 읽었어. 지금 와서 깨닫는 거지만, 우리의 기를 살려 준 아버지 덕에 일곱 살 때 J. R. R. 톨킨의 《반지의 제왕Rings of the Lords》을 읽었어. 아버지는 우리에게 '그건 어떻게 생각해? 그게 무슨 뜻이라고 생각해?' 같은 질문을 하시곤 했어." 션은 아버지와 보냈던 그 시간을 귀중하게 생각한다. 지금 그는 두 아들에게 책을 읽어 주며 부자간의 정을 쌓고 있다.

션의 두 아들은 운 좋게도 책읽어주기로 읽기 능력을 키우는 데 큰 역할을 한 아버지를 두었다. 유감스럽게도, 모든 가정이 이렇지는 않다. 남자아이들과 학교 교육에 문제가 있음을 보여 주는 연구 결과들이 있다.

그 중 미국 교육에 관한 브라운센터 보고서에 따르면, 남학생들은 읽기 영역에서 여학생들에게 계속 뒤처지고 있다. 이는 미국에서만 일어나는 일이 아니라 전 세계적으로 보편적인 현상이다. 국제읽기능력평가Progress in International Reading Literacy Study, PIRLS와 국제학업성취도평가Programme for International Student Assessment, PISA에서 이런 성별 격차가 10년 이상 지속되고 있다는 증거를 발견했다. 이런 차이는 고등학생뿐만 아니라 더 어린 아이들한테서도 나타난다.

남자아이들은 책의 선택이 중요하다

남자아이들이 읽기에서 뒤처지는 한 가지 이유는 읽기를 권하는 남성 역할 모델이 적기 때문이다. 남자아이들 자체도 읽기가 즐겁지 않다고 말한다. 자신들이 읽고 싶은 책을 학교에서 허용하지 않거나 '진정한 읽기'라고 여기지 않기 때문이다. 또한 남자아이들은 책 읽는 것을 싫어한다는 게 일반적인 생각이다. 이런 오해들로 인해 남자아이들은 책이 체질에 맞지 않는다는 생각이 굳어진다. 《텔레그래프Telegraph》에 실린 기사에서 프랭크 푸레디는 "남학생들이 책을 사랑하게끔 하려면, 그들에 대한 기대를 높여야 한다. 그러기 위해서는 남자들은 읽기에 약하다는 생각이 골수에 박힌 교육자들의 과감한 사고의 전환이 필요하다."

남자아이들도 책을 읽는다! 그러나 부모나 교사, 사서들이 쥐여 주는 책은 아닐 수 있다. 아름다운 그림책《행복을 나르는 버스Last Stop on Market Street》로 2016년 뉴베리상을 받은 맷 데 라 페냐는 수상 연설에서 어린 시절의 독서 경험을 이렇게 회고했다.

> 저는《호밀밭의 파수꾼The Catcher in the Rye》을 27쪽을 넘기지 못하고 포기했지만, 《배스킷볼 다이제스트Basketball Digest》는 한 쪽도 빼놓지 않고 끝까지 읽었습니다. 매달 읽었지요. 저는 학교 수업 한 시

간 전에 중학교 도서관에 가서 빈 책상에 앉아, 가장 지적으로 보이는 책의 표지 안에 이 잡지의 최신호를 끼워 넣었어요. 대개 제가 제목조차 발음하기 힘든 러시아 소설들이었죠. 온화한 미소를 지닌 프랭크 선생님은 가끔 제 책상 옆을 지나가며 이렇게 말하곤 했어요. "《전쟁과 평화War and Peace》구나? 어때, 재미있니?"

저는 "네, 아주 재밌어요, 선생님"이라고 대답했어요. "전쟁이나 그런 것들을 좋아해요. 결국에는 평화를 찾으니까요." 선생님은 씩 웃으며 고개를 끄덕이시고는 다음 책상으로 갔어요. 저도 제 능란한 말솜씨에 감탄하며 씩 웃었지요. 하지만 며칠 후 선생님은 윙크하며 《배스킷볼 다이제스트》 최신호를 책상 위에 쓱 내밀어 저를 혼란에 빠뜨렸어요.

그때만 해도 제가 책을 좋아한다는 생각은 눈곱만큼도 하지 않았지만, 선생님은 저를 더 잘 알고 계셨던 거죠. 사실 그때 통계나 순위를 보려고 그 잡지를 읽은 건 아니고, 특정한 선수들의 성공 비결을 알아내려고 읽은 거거든요. 저는 서술하는 방식에 관심이 있었어요. 그런데 잘 쓴 기사들의 서술 방식은 나중에 실제로 《전쟁과 평화》를 읽으면서 발견한 방식보다 떨어지지 않았어요.

맷은 자신이 책을 좋아하지 않는다고 생각했고, 불행히도 이는 남학생들에게 흔한 일이다. 하지만 그는 책을 읽고 있었다. 아마도 《전쟁과 평화》가 아니라, 그가 흥미를 느끼고 나중에 그의 첫 번째 소설인 《공은 거짓말하지 않는다Ball Don't Lie》의 기초가 된 책을 읽었을 것이다. 우리는 남학생들이 읽고 싶어하는 것을 존중해주어야 한다. 그렇지 않으면 그들은 고학년으로 올라가면서 배우는 어려운 텍스트를 절대 읽어내지 못할 것이다.

남자아이들이 끌리는 책의 특징은 무엇일까? 극적인 사건과 감정으로 가득 찬 책보다 유머러스한 이야기이다. 남자아이들은 그래픽 소설이나 잡지처럼 시각적으로 매력적이고, 공감이 가는 주인공들이 등장하며, 흥미를 유발하는 논픽션 주제에 초점을 맞춘 책들을 선호한다. 100쪽 이내의 챕터북과 단편 소설, 운문 소설도 바람직한 읽을거리이다.

남자아이들에게는 한마디로 책의 선택이 중요하다. 가정과 학교, 학급 도서에 다양한 그림책과 그래픽 소설, 논픽션, 만화, 잡지를 비치해야 한다. 남자아이들이 책을 읽지 않는다는 생각을 거두고 독서 여정에 있는 그들을 응원하자.

아버지들의 **참여**가 왜 **그렇게** 중요할까

영국국립독서재단National Literacy Trust의 〈아버지가 자녀의 읽기 능력에 중대한 영향을 미치는 이유〉라는 제목의 백서에서는, 남성은 "성 역할에 선입견을 지니고, 본인부터 책이 체질에 맞지 않는다고 느끼며, 자신의 욕구와 능력, 관심사를 우선시하기 때문에 독서 활동에 참여하는 것을 꺼릴 수 있다"는 몇몇 연구가 인용되었다. 다른 연구들은 아버지가 육아에 관여할수록 교육적 성취가 높아진다고 밝혔다. 연구에 따르면, 자녀 교육에 대한 아버지의 관심은 가정환경이나 아이의 성격, 빈곤보다 교육의 성공에 더 많은 영향을 미친다.

린다 제이콥슨은 "왜 남자아이들은 책을 읽지 않는가"라는 제목의 기사에서 문화적 이유가 더 클 수 있다고 암시하며, 많은 남자아이에게 책을 읽는 남성 역할 모델이 없다고 결론 내린다. 그녀는 이렇듯 영향을 미치는 사람과 동기의 부족으로 인해 남자아이들이 즐거움을 위해 책을 집어들지 않는다고 말한다. 때로 아버지들은 아이의 학습에서 자신이 맡은 역할에 자신감을 잃고, 종종 아내에게 책 읽어 주는 일을 미룬다.

아버지가 아이에게 책 읽어 주는 일이 왜 그렇게 중요할까?

- 아버지가 아이와 함께 보내는 시간은 아이의 학교 교육을 통한 읽기 능력의 발달과 가장 일관된 연관성을 보이는 요인 중 하나이다. 아버지는 아이의 독서 욕구와 독서의 성공에 큰 영향을 미친다.
- 아이들은 가장 중요한 남성 역할 모델인 아버지가 책 읽는 모습을 볼 때 동기를 얻는다. 책을 집어 읽어 주는 일도 여기에 포함된다.

- 아버지들은 이야기와 아이의 생활을 연결하면서 책을 다른 차원으로 끌고 가려는 경향이 있다. 엄마들은 인물의 감정에 더 집중하지만, 아버지들은 아이들이 더 생각하도록 밀어붙인다. 예를 들어 공룡에 관한 책이라면, 아버지는 이렇게 말할 것이다. "박물관에서 본 스테고사우루스가 얼마나 컸는지 기억하니?"
- 잠자리에서 책을 읽어 주는 것은 특히 아버지와 아들 사이에 가장 강력한 유대감을 형성하는 시간이 될 수 있다. 이런 긍정적인 영향은 딸들한테도 나타난다.
- 책읽어주기는 긴장을 푸는 시간이다. 앤디 그리피스의 《13층 트리하우스The 13-Storey Treehouse》를 읽으면서 누가 웃지 않을 수 있겠는가? 이야기를 들으면서 아이는 편안함을 느끼는데, 이는 아버지도 마찬가지이다.
- 아버지들은 엄마들과는 다른 책을 읽고, 또 다른 방식으로 읽는다. 윌리엄 코츠윙클의 《방귀 뀌는 개 월터Walter the Farting Dog》는 아버지가 읽을 때 더 우스꽝스럽게 들린다. 모 윌렘스의 코끼리와 꿀꿀이Elephant and Piggie 시리즈에는 말풍선이 달려 있어 엄마와 아버지의 내면에 숨은 연기 본능을 일캐운다. 두 사람 다 이런 책을 읽어 주는 데 큰 역할을 할 수 있지만, 읽어 주는 사람이 다르므로 다르게 들린다. 제프 키니의 《윔피 키드Diary of a Wimpy Kid》도 아버지가 읽어 주기에 아

주 좋은 책이다. 아버지가 중학교 시절의 경험담을 들려줄 수 있다.

나는 앞의 2장에서 앨리스 오즈마가《리딩 프라미스:아빠와 함께한 3218일간의 독서 마라톤The Reading Promise:My Father and the Books》을 쓰게 된 과정을 이야기했다. 이 매력적인 책은 100일간 매일 책을 읽으려다 3,218일 동안 읽어 버린 아버지와 딸의 사사로운 문학 여정을 담고 있다. 서문에서 앨리스는 "이 책은 사람들이 어떻게 가까워지고 그 유대가 어떻게 평생 이어질 수 있는지 알려 준다"고 썼다. 두 부녀가 읽은 책들은 그들이 만들어낸 경험과 그것이 빚어낸 삶의 이야기만큼 중요하지는 않다. 앨리스의 아버지 짐 브로지나는 이렇게 요약한다. "아이들에게 줄 수 있는 가장 큰 선물은 함께 보내는 시간과 오롯한 관심입니다."

벙어리 **아버지**들을 어떻게 **변화**시킬 수 있을까

이전 판에서 짐 트렐리즈는 학교와 공공 도서관, 지역 서점들에서 연 부모 교육 프로그램에 대해 말했었다. 그는 어디를 가든 엄마와 아버지의 비율이 보통 10대 1로 참여하는 아버지들이 늘 소수에 불과했다고 했다. 내가 주도했던 책읽어주기 프로그램의 경우에도 그 비율은 비슷했다. 이상하게도 책을 읽어주지 않는 '벙어리 아버지' 증후군은 교육 수준과 관계없이 모든 가정에서 공통적으로 나타난다. 저소득층 가정과 대학 교육을 받은 가정을 비교한 연구 결과를 보면, 이 두 그룹의 아버지들은 아이에게 책 읽어주는 시간의 15%만을 담당할 뿐 엄마가 그 시간의 76%를 도맡았고, 나머지 경우는 9%였다.

캘리포니아주 모데스토에서 수행된 다음의 연구 결과는 이런 아버지들의 변화를 이끌어낼 자극제가 될 수 있지 않을까? 즉 (1) 아버지가 책을 읽어 준 남자아이들의 읽기 성적이 월등히 높았고, (2)아버지가 책읽기를 즐기는 가정의 남자아이들은 그렇지 않은 가정의 아이들보다 책을 많이 읽고 성적도 높았다. 아버지들을 대상으로 한 설문 조사에서는 그들 중 10%만이 어린 시절에 아버지가 책을 읽어 주었다고 답했다.

그렇다면 어떻게 해야 아버지들의 참여를 끌어올릴 수 있을까? 아버지들로 하여금 이 장을 읽어보게 하는 것은 어떨까? (그들이 원하지 않는 한) 이 책 전체가 아니라 이 장만 읽게 하는 것이다. 만일 아버지가 아이에게 어떤 책을 읽어주어야 할지 모르겠다면, 이 장이나 보물창고의 추천 도서들이 도움이 될 것이다. 당신이 책을 좋아한 적이 없는 아버지라면 가족의 다음 세대를 위해 습관을 바꾸자. 아이들과 나란히 앉아 그림책부터 시작해 소설까지 읽어 보자.

때로는 유대감을 키우고 대화를 유도하는 최고의 그림책은 아버지와 아들의 관계에 중점을 둔 책들이다. 잭 부시의 《나를 위해 태어난Made for Me》은 아이의 탄생에서 시작해, 처음으로 내뱉은 '다다'라는 말에서 아기의 뒤뚱거리는 걸음걸이까지 이야기한다. "세상 모든 아이 중에서 나를 위해 태어난 건 너야."

무한한 재미와 함께 대화를 유도하는 그림책들이 많다. 드류 데이월트의 《전설의 가위바위보The Legend of Rock Paper Scissors》는 유명한 세 무적의 전사인 가위, 바위, 보가 오늘날까지도 서로 싸우는 적이 된 과정을 이야기한다. 애덤 렉스의 인상적인 글꼴과 재미있는 삽화는 이 책을 웃음바다로 만들었다. 데이월트의 다른 책들도 포복절도할 만큼 재미있다.

더 큰 아이들에게 읽어 줄 훌륭한 책을 찾고 있다면, 알래스카 아이디터로드에서 열리는 개썰매경주대회를 다룬 존 레이놀즈 가디너의 단편 소설 《조금만, 조금만 더Stone Fox》나, 황야에서 혼자 살아남은 이야기를 그린 게리 폴슨의 《손도끼Hatchet》를 시도해 보자. 《아이들을 위한 존 아저씨의 화장실 독서Uncle John's Bathroom Reader for Kids Only!》를 어디든 펼쳐 읽어 보라! 놀랍도록 쉽게 읽을 수 있는 정보와 유행, 인용문, 역사, 과학, 단어의 유래, 대중문화, 신화, 유머 등이 집대성되어 있다.

아버지들에게··· 아이에게 책을 읽어 줄 때 당신은 인생의 두 번째 기회를 얻는다. 다시 말해, 어릴 때 놓친 책들을 만나 즐길 수 있다. 어쩌면 책을 읽다 드와이트 같은 어린 시절의 친구들을 만날지 누가 알겠는가.

06

전자 매체는 읽기에 어떤 영향을 미치나

내가 너보다 더 많이 이해하지는
못하지만, 내가 알게 된 건 네가 상황을 이해하지
않아도 된다는 거야.

메들렌 렝글, 《시간의 주름》

전자 매체가 가족 외적인 아이들의 삶에 지배적인 영향력(그리고 어떤 아이에게는 가족보다도 더 큰)을 미치는 것이 현실이라면, 읽기 능력에 관한 책이나 토론에 이를 포함해야 한다. 누구나 동의하듯 전자 기기는 우리 생활의 일부가 되었다. 이 기기들은 아이들의 삶에 도움이 되고, 그래야 한다. 전자 매체는 스트레스가 많고 시간에 허덕이는 오늘날의 복잡한 가정생활에 한몫을 담당할 수 있다. 우리는 아이들이 TV와 태블릿, 스마트폰으로 무엇을 하는지 관찰하고, 그 결과 그들이 어떤 경험을 놓치고 있는지 생각해야 한다.

오늘날의 어린이와 청소년들은 방영되거나 스트리밍된 TV 프로그램과 영화, 정적이거나 동적인 비디오 게임, 매혹적인 가상현실 등 자신이 콘텐츠를 소비하고 만들 수 있는 다양한 전자 플랫폼에 몰두하고 있다. 소셜 및 인터렉티브 미디어는 개인과 집단에 혁신적이고 매력적일 수 있다. 카이저패밀리재단Kaiser Family Foundation 보고서는 아이들이 오락 매체와 함께 보내는 시간이 특히 일부 그룹의 아이들 사이에서 급격히 증가하고 있다고 밝혔다. 다음은 시간이 흐르면서 매체 환경이 어떻게 변했는지 보여준다.

- 1970년에는 아이들이 5세 경에 정기적으로 TV를 보기 시작했지만, 오늘날의 아이들은 4개월이 되면 디지털 미디어를 접하기 시작한다.
- 2015년에는 대부분의 2세 아이가 이미 모바일 기기를 사용해 보았고, 대부분의 3세 아이는 이를 매일 사용했다. 유치원 아이들은 TV를 보면서 아이패드를 사용하는 것처럼 이미 두 가지 이상의 디지털 미디어를 동시에 사용하기 시작했다.
- 10세부터 13세까지의 어린이와 청소년들은 하루 평균 8~10시간씩 수많은 디지털 미디어의 자료를 이용하며, 많은 경우 주의력 문제를 유발할 수 있는 미디어 멀티태스킹의 형태로 이용한다. 디지털 미디어를 자주 사용하는 청소년들은 주의력결핍장애ADD가 발생할 가능성이 더 크다. 다른 연구들에 따르면, 디지털 미디어의 높은 사용 빈도와 그로 인한 주의력결

핍과잉행동장애ADHD 증상 사이에 통계적 유의성은 있지만, 연관성이 크지는 않다. 연구가 더 필요하지만, 이는 부모와 교사, 의사, IT 기업들이 관심을 갖고 지속적으로 지켜봐야 할 문제이다.

- 청소년의 4분의 3이 스마트폰을 갖고 있고, 24%가 인터넷에 '상시 접속'하며, 50%가 폰에 '중독'된 것 같다고 진술한다. '중독'된 것 같다고 답한 청소년들, 무엇보다 문자 메시지를 과도하게 주고받는 아이들은 반사회적 행동과 자신감 저하를 보일 수 있다.
- 디지털 미디어의 과도한 사용, 특히 취침 직전에 사용하거나 폭력적인 내용을 보면 불안정한 수면, 비만 위험의 증가, 발달 및 학업성취도의 저하를 초래할 수 있다.
- 전자 기기는 아이들의 읽기 환경도 획기적으로 바꾸고 있다. 이전에는 앉아서 책장을 넘기는 것이 읽기였다. 오늘날에는 화면을 들고 글자를 터치해 소리를 듣는 것도 읽기를 의미할 수 있다.

스크린 타임은 어느 정도가 **적당**할까

전자 기기가 널리 사용되면서 아이들에게 어느 정도의 시간을 허용해야 하는지에 대한 의견도 많아지고 있다. 1999년 미국소아과아카데미AAP는 3세 미만의 아이에게는 아예 스크린을 보여주지 말라고 권고한 바 있다. 최근 AAP는 기존의 태도를 바꾸어 18개월 미만 아기와의 영상 통화를 허용했다. 가족과의 영상 통화가 6개월 된 아기의 흥미를 끌 수 있지만, 너무 어린 아이들을 스마트폰과 태블릿, 노트북에 노출시킬 때 얻는 이득을 뒷받침할 만한 증거는 찾기 힘들다.

유아의 경우, APP는 스크린 타임을 제한하도록 권고한다. 아기들은 부모나 보모와 함께 디지털 미디어를 보아야 한다. 아이가 혼자 보기보다 어른과 함께 보면서 대화를 나누도록 하기 위함이다. 일부 연구들에서 유아가 교육용 매체를 시청하는 경우 언어 발달에 어느 정도 도움이 되는 것으로 밝혀졌지만, 이는 부모가 함께 보면서 아이와 대화를 나눌 때만 그렇다.

너무 어린 아이들이 매일 2시간 이상 TV를 보면 어떤 악영향이 발생하는지 상세히 설명하는 연구도 있다. 이 연구에서, 유아들의 언어 발달이 지체될 확률이 약 6배나 높았다. 15개월에서 35개월 사이의 유아들을 실험한 2014년 연구에서, 언어 발달이 늦은 아이들은(117.3분) 그렇지 않은 아이들보다(53.2분) 매일 스크린을 2배 이상 본다는 점을 발견했다. 이런 연구들로 디지털 미디어의 시청이 부모와의 상호작용을 대체해서는 안 된다는 것을 알 수 있다. 부모는 언제나 아이의 첫 번째 교사이며, 언어 발달에서는 특히 그렇다.

3~6세의 미취학 아동은 하루 1시간 이내로 교육 프로그램의 시청을 제한해야 한다. 다시 말하지만, 이때 아이가 보는 내용을 이해하는 데 도움을 줄 수 있는 부모나 다른 보육자가 함께 있어야 한다.

부모들은 7~19세 아이들의 스크린 타임도 일관되게 제한해야 한다. 여기에는 TV와 소셜 미디어, 비디오 게임도 포함된다. 전자 매체가 충분한 수면과 신체 활동을 대신해서는 안 된다.

아이들이 **여전히** **TV**를 볼까

카이저패밀리재단의 연구에 따르면, 수십 년 만에 처음으로 정규 TV 방송의 시청 시간이 하루 25분 감소한 것으로 밝혀졌다(2004~2009년). 하지만 스마트폰과 태블릿, 인터넷으로 TV를 보는 시간은 하루 3시간 52분에서 4시간 29분으로 증가했다. 오늘날의 기술 덕분에 이제 본 방송뿐만 아니라 스트리밍과 주문형 영상 같은 매체로 일주일 내내 하루 24시간 시청할 수 있다.

최근까지 전문가들은 '과도한 시청'이 문제일 뿐 TV는 무관심한 부모를 대신한 죄 없는 방관자일 뿐이라고 말할 수 있었다. 그러나 새로운 연구들로 점점 TV가 공범임이 드러나고 있다. 비록이 연구들이 TV를 완전히 기소하지는 못하더라도, 모든 것이 가장 취약한 유아들을 포함해 모든 연령층에 걸쳐 과도한 시청의 위험성을 암시하고 있다. 카이저패밀리재단의 〈M2 세대〉 보고서에서 입증된 바와 같이, 최근의 매체 연구 결과는 미래의 교실에 어두운 그림자를 드리운다.

가장 어린 '시청자들'부터 시작해 나이를 점점 높여 보자.

- TV는 가족들이 함께 시청하는 것으로 묘사하기도 하지만, 혼자 보는 경우가 많다. 최저 생계 수준 가정의 6개월 된 유아가 TV를 400회 보는 동안 관찰한 결과, 엄마가 아이와 교감한 시간은 24%에 불과했다. 이 아이들이 본 프로그램 중 상당수는 영유아 대상이 아니었다.
- 시애틀아동병원 연구팀은 2,500명의 어린이를 대상으로 TV 시청 습관을 추적했다. 그 결과, 의사들은 4세 이전 아이의 하루 TV 시청 시간이 1시간씩 늘 때마다 아이가 7세가 될 때 주의력결핍과잉행동장애ADHD를 보일 위험성이 10%씩 증가하는 것을 발견했다(ADHD는 이제 소아 행동 장애 중 가장 흔한 질병이 되었다).
- 아이들이 학교에 들어가면 TV 과다 시청의 악영향은 읽기와 수학 성적에 나타난다. 캘리포니아주에 있는 6개 초등학교 3학년생 348명을 조사한 결과, 침실에 TV가 있는 아이들의 수

학 · 읽기 · 국어 성적이 눈에 띄게 떨어졌다. 카이저패밀리재단의 미디어 연구 결과를 보더라도, 자기 방에 TV가 있는 아이들은 TV를 더 많이 보게 된다.

9세가 되면 아이들의 71%는 자기 방에 TV를 갖게 되며, 이런 아이들은 하루에 TV를 보는 시간이 1시간 더 늘어나는 것으로 밝혀졌다. 자기 방에 비디오 게임기가 있는 아이들은 그렇지 않은 아이들보다 하루에 32분 더 게임에 몰두하고, 컴퓨터가 있는 아이들은 2배 더 사용한다.

때로 TV의 교육적 · 사회적 순기능에 대한 부모들의 믿음은 TV 과다 시청의 주요 요인이 되었다. 부모들은 TV를 통해 아이들이 취학 전 기술을 익힐 수 있을 거라고 기대했다. 교육용 TV 프로그램은 4세 경부터 어휘 발달에 도움을 준다. 그러나 11세가 되면 평균적인 어린이가 TV에서 듣는 어휘 중에 일상 어휘를 뛰어넘는 단어는 거의 없다. 10년마다 TV 어휘 수준이 낮아지고 있다. 88개 TV 프로그램을 조사한 2009년 연구에서, TV 프로그램 어휘의 98%가 우리가 항시 사용하는 공통 어휘로 구성된다는 사실이 밝혀졌다. 11세가 넘은 모국어 사용자들에게 TV는 새로운 어휘를 배울 기회를 거의 주지 않는다.

TV를 볼 때 아이들은 상상력을 자극하고 두뇌 발달을 돕는 놀이에서와 같은 활동을 하지 않는다. TV 시청은 수동적인 활동이므로 이때 아이는 다른 사람과 어울리지 않으며, 그래서 자신의 행동이나 태도에 대한 피드백을 받지 못한다. 또한 TV를 과도하게 시청하면, 사회성의 발달과 행동에는 결과가 따른다는 점을 이해하는 데 매우 중요한 EQ 즉 감성지수가 떨어질 수 있다. 아이들이 문제해결 능력을 키워 주는 대화와 질문을 할 수 없어 언어와 어휘력 발달이 뒤떨어질 것이다.

TV가 **읽기**에 **도움**이 될까

읽기 능력의 향상에 도움이 되는 교육용 TV 프로그램들이 있다. 하지만 당신이 미처 깨닫지 못했을 수도 있는 TV의 한 가지 기능이 어휘력의 발달과 유창성, 이해력을 향상시키는 데 도움을 준다. 바로 자막 기능이다. 1990년 미국에서 제정된 '텔레비전 디코더법Television Decoder Circuitry Act'은 1993년 7월 1일부터 자국에서 판매되는 13인치 이상 TV의 모든 신제품에 자막 기능을 의무화했다. 오늘날 자막 기능은 미국에서 판매되는 모든 TV에 내장되며, TV 리모컨으로 설정할 수 있다.

국립자막연구소NCI 연구에 따르면, 청각장애아와 영어 학습자, 읽는 법을 배우는 어린이들이 TV 자막 기능으로 효과를 보고 있다. 언어와 어휘 능력의 향상을 꾀하는 독서가들에게도 이 자막 기능이 도움이 될 수 있다. NCI 연구는 자막 기능을 사용해 시청하면 아이들의 어휘력과 읽기 능력이 크게 향상될 수 있음을 보여주었다. 연구자들은 아이들이 만화와 다른 TV 프로그램들을 보면서 자막을 읽으면 이득을 볼 수 있다고 제안한다.

영어를 제2 언어로 배우는 사람들에게도 TV의 자막 기능은 읽기 및 듣기 이해력, 어휘력, 단어 인식, 전반적인 독서 동기를 향상한다. 학습장애아와 성인 역시 같은 혜택을 얻을 뿐만 아니라 자신감도 높아진다.

TV의 자막 기능을 적당히 활용하기만 한다면 학생들에게 해가 되지 않으며, 대부분 읽기에 큰 도움이 될 것이다. 자막이 붙은 교육 방송을 이용한 학습이 특히 두 개의 언어를 동시에 배우는 학생들의 이해력과 어휘력 개발에 큰 도움이 된다는 것은 여러 연구를 통해 충분히 입증되었다.

다음은 어느 초등학교 1학년 교사가 자기 반의 한 어린 소녀에 대해 들려준 이야기이다.

학기 첫 날부터 그 아이는 이미 3학년생들만큼이나 잘 읽었어요. 더 놀라운 점은 그 아이의 부모가 모두 청각장애인이라는 거였어요. 청각장애인의 자녀는 보통 언어 능력이 부족해 학습지진아가 되는 경우가 흔하죠. 그런데 그 아이는 3년이나 앞서 있었어요. 그 부모를 빨리 만나보고 싶었죠. 그 아이의 부모를 만나서 따님의 학습 능력이 뛰어나다고 했더니, 그들은 아이가 어려서부터 내내 자막이 붙은 방송을 봐 온 덕분일 거라고 설명했어요.

자막 기능이 읽기 교사로서 효과적인 데에는 여러 가지 요인이 있다. 뇌의 시각 수용체는 청각 수용체보다 30배나 많다. 성인은 거치적거리는 것(예를 들면, 자막)을 걸러내는 습관에 젖어 있지만, 아이들은 그렇지 않다. 아이들은 모든 것을 받아들인다. TV에서 흘러나오는 소리와 스크린 하단의 글자 사이의 연관 관계까지 모두 받아들이는 것이다.

3시간 동안 스크린에 흐르는 단어 수는 성인이 일간지나 주간지에서 읽는 것보다 많다. 자막 기능을 활용하는 것은 일간지를 보는 것과 같다. 책이나 스크린의 자막을 아직 읽지 못하는 유아와 미취학 아동에게 자막 기능이 글자와 소리와 의미로 다가설 수 있도록 도움을 주는 것이다. 바꾸어 말하면, TV의 등장인물들이 아이에게 자막을 소리 내어 읽어 주는 것이라고도 할 수 있다.

왜 가족만의 **매체 규칙**을 **정해야** 할까

부모가 매체 사용 규칙을 정하면, 아이가 TV를 보거나 전자 매체를 이용하는 시간이 상당히 줄 것이다. 부모가 아이와 함께 매체를 이용하면서 유대감과 학습을 촉진하는 것이 비결이다. 부모가 아이에게 수영과 자전거 타기를 가르칠 때처럼 전자 기기 사용법도 알려주어야 한다. 전자 매체를 양육 요구를 충족하고 다른 방법으로는 접하기 힘든 학습 경험을 아이에게 소개하는 도구로 삼아야 한다.

이 책 곳곳에서 나는 부모가 아이의 역할 모델이라고 말했다. 가족이 함께하는 시간에 부모가 플러그를 뽑고, 소셜 미디어 매너를 지키며. 우리가 매체를 사용하는 이유에 관해 이야기를 나누는 일은 매우 중요하다. 또한 부모는 시간을 내서 아이의 언어와 사회성의 개발을 도와야 한다. 장을 보러 가는 동안이든 등교나 하교 시간에 차를 태워 주는 시간이든 상관없다. 엄마가 아이에게 상표나 표지판을 소리 내어 읽어보라고 하거나 학교생활이 어떤지 물어 보는 대신 휴대전화만 들여다본다면 하나의 기회를 놓치는 셈이다.

부모가 아이가 온라인에서 무엇을 보고 있는지 알아두는 것도 매우 중요하다. 전자 기기에는 아이의 접근을 차단하거나 제한하는 기능이 있다. 아이에게 온라인 시민권과 안전에 대해시 빈드시 알려주어야 하는데, 여기에는 타인을 존중하기와 사이버 폭력에 대처하기, 온라인 호객 행위에 주의하기 등이 포함된다. 아이가 소셜 미디어에서 누구와 연락하는지 알아두고, 아이가 웹사이트 및 타인과 공유할 수 있는 정보의 유형을 이해하도록 도와주자.

오디오북을
들려주는 것은 어떨까

우리가 차 안에서 보내는 시간이 점점 많아지고, 특히 왕복 통근 시간이 평균 50분에 이르다 보니 출판업계는 이에 맞추어 오디오북에 주력하게 되었다. 오디오북은 보다 교양 있는 국가를 이루기 위해 기술이 어떻게 이용될 수 있는지를 보여 주는 완벽한 예이다.

오디오북은 아이를 품에 안고 질문을 주고받을 수 있는 따뜻함은 없지만, 어른이 부재중이거나 바쁠 때 그 빈자리를 메우는 중요한 역할을 할 수 있다. 아이가 놀 때 무심코 들리는 오디오북의 문장은 TV에서 나오는 짤막한 문장보다 어휘력을 풍부하게 한다. 그러므로 노래와 라임, 이야기가 담긴 오디오북들을 꼭 갖춰 놓기 바란다. 서점과 지역 도서관, 디지털 다운로드용 온라인 자료가 전 연령대에 걸쳐 점점 더 다양해지고 있다. 가정에서 직접 이야기를 녹음해 멀리 사는 친지들에게 선물로 보내면서 똑같이 해보도록 권하는 것도 좋을 것이다. 한 마디 더 덧붙이면, 차로 장시간 가족 여행을 할 때 오디오북은 유엔에 부족한 최고의 '평화유지군'이다.

오디오북을 듣는 것과 스트리밍된 영화를 전자 기기로 보는 것 사이에는 뚜렷한 차이가 있다. 비디오 스트리밍은 부모와 대화를 하거나 함께 오디오북을 들으며 지적 경험을 나누는 것과 같은, 또 하나의 교실을 아이들한테서 빼앗는 것이다.

차 뒷좌석에서만 볼 수 있는 비디오와 달리 오디오북은 차의 앞과 뒷좌석에서 모두 들을 수 있다. 이 경우 부모가 오디오북을 잠시 멈추고 "이 사람이 왜 그랬을까? 이 사람이 무슨 뜻으로 한 말일까?"라고 물어 볼 수도 있다. 오디오북은 부모와 아이 사이의 대화를 촉진할 뿐만 아니라 모두의 듣기 능력 또한 향상해 준다.

전자책은 읽기 **옵션**의 하나가 되었다

전자책ebooks에 부정적인 사람들은 종이의 질감과 책 냄새가 그리워질 거라고 주장하는 전통적인 독자들이다. 냄새가 나든 안 나든, 전자책은 정당한 이유로 읽기 옵션의 하나가 되었다. 출판사는 돈을 벌고 구매자는 돈을 절약할 수 있으니 누이 좋고 매부 좋은 격이다. 또한 시각장애인을 위한 편의성은 물론 시간과 공간, 나무, 학생들의 척추를 보호할 수 있다.

지난 수십 년 동안 교과서 무게가 점점 늘어나 학생들은 등뼈가 휠 지경이다. 터질 듯한 아이들의 배낭은 무게가 10~15kg에 달한다. 주 정부들이 학력 기준을 높임에 따라 시험 공부할 책들이 늘어났기 때문이다. 교육구와 대학들이 1kg 무게도 안 되는 공간 안에 모든 교과서를 담을 수 있는 전자책으로 옮겨가는 것은 당연한 일이다. 또한 과학이나 수학 전자 교과서는 종이 교과서와 달리 새 판을 구입하지 않고도 빠르게 업데이트할 수 있다.

더욱이 전자책은 수명이 길다. 세법이 바뀌어 책을 창고에 쌓아 두어도 세금이 부과되기 때문에, 출판사는 책이 꾸준히 팔리지 않으면 절판을 한다. 하지만 전자책은 실물이 없기 때문에(창고 비용이 들지 않는다) 재고에 대한 세금을 물지 않는다. 따라서 출판사와 저자가 계약을 유지하는 한 지속적으로 판매할 수 있다. 이로 인해 책의 수명이 크게 늘어나고, 출판사는 절판된 책을 나사로처럼 부활시킬 수 있다. 실제로 프로젝트 구텐베르그 사이트 www.Gutenberg.org.에 들어가면 대부분의 고전을 무료 전자책으로 읽을 수 있다.

전자책이 책의 수명을 연장한다면, 태블릿은 멀티미디어 독서 환경을 제공한다. 어떤 학급에서 민권 운동을 공부하면서 캐럴 보스턴 위더포드의 《자유의 함성 Voice of Freedom: Fannie Lou Hamer, Spirit of the Civil Rights Movement》이나 러셀 프리드먼의 《그들은 자유를 위해 버스를 타지 않았다 Freedom Walkers: The Story of the Montgomery Bus Boycott》를 읽고 있다고 가정하자. 아이패드의 텍스트를 하이퍼링크하면, 짐크로법 Jim Crow laws 식당은 물론 화장실 · 극장 · 버스 등 공공시설에서의 흑인과 백인의 분리 및 차별을 규정한 인종차별법으로 1876년부터 1965년까지 시행되었다__옮긴이에 반대하는 시민 투쟁을 시작으로 전국을 뒤흔든 400명의 흑인과 백인 '탑승객riders'의 흔적을 따라가는 PBS 방송 프로그램 〈미국의 실험American Experience〉의 '프리덤 라이더스Freedom Riders'를 불러올 수 있다. 또는 마틴 루터 킹 주니어 목사의 연설 '나에겐 꿈이 있습니다I have a dreamer'를 보고 들을 수 있다.

전자책의 하이퍼링크는 전 세계의 모든 학생이 비영리단체인 칸아카데미가 제공하는 수천 개의 무료 과외 수업도 받을 수 있게 해준다. 조지아의 시골 아이가 시카고의 도시 아이와 똑같은 온라인 과외 수업을 받을 수 있다는 말이다.

또는 전자책 링크를 통해 접할 수 있는 오디오 정보, 즉 공영 라디오 방송의 방대한 아카이브를 생각해 보자. 예를 들면, 작가 샐린저와 베일에 가린 그의 사생활은 그가 쓴 《호밀밭의 파수꾼The Catcher in the Rye》만큼이나 유명하다. 사람들은 너도나도 샐린저는 방문객을 싫어하니 그를 귀찮게 하지 말라며 10대의 짐 새드위드를 만류한 것은 물론, 그를 만날 수도 없을 거라고 잘라 말했다. 그러나 소년은 샐린저의 책을 바탕으로 고등학교 연극을 만들고 싶었고, 그가 이 계획을 반길 거라고 확신했기 때문에 그 은둔자를 찾아 나섰다. 40년이 흐른 후 새드위드는 아메리칸 퍼블릭 미디어American Public Media의 〈더 스토리The Story〉에 출연해 샐린저를 찾아갔던 일과 그가 보였던 반응에 대해 말했다. 소년은 자신의 모험 과정을 녹음기에 담았고, 후에 하버드 입학 시험에서 전통적인 대학 에세이 대신 이 테이프를 제출했다(그는 합격했다). 그의 인터뷰는 샐린저의 작품을 공부하는 사람들에게 도움이 되지 않을까? 이는 온라인 하이퍼링크를 통해 무료로 들을 수 있다. 2015년 새드위드는 샐린저와 만났던 일을 바탕으로 영화 〈커밍 스루 더 라이Coming Through the Rye〉의 시나리오를 쓰고 감독했다.

책에 사인을 하는 오래된 전통이 사라지지는 않을까 걱정되는가? 사람들은 작가들이 전자책에 서명할 수 있는 방법까지 궁리해냈다. 전자 자료는 무궁무진하고, 그 중 어떤 자료를 이용하든 전자 교과서는 10원의 비용, 1g의 무게도 늘리지 않을 것이다.

아이들에게 **전자책**은 어떤 **장단점**이 있을까

전자책이 나온 지 10여 년이 지났지만, 아이들이 읽는 전자책의 장단점을 다룬 연구는 많지 않다. 나는 특히 인터렉티브형 전자책을 읽으며 초기 읽기 기술을 배우는 아이들을 많이 봐 왔다. 내레이터가 본문을 읽어 주는 전자책도 있는데, 어떤 문장을 읽는지 알아볼 수 있도록 읽는 부분이 표시된다. 이런 방식으로 읽어주면 아이들이 문자와 소리를 연결할 수 있게 된다. 이 기능은 어휘 습득이 더딘 아이들에게도 도움이 된다.

전자책의 또 다른 장점은 아이들이 책을 반복해서 읽을 수 있다는 것이다. 종이책과 마찬가지로 같은 이야기를 반복해서 읽으면 아이들의 읽기 능력이 향상될 가능성이 커진다. 전자책은 아이들이 혼자 볼 수 있어서 어른이 이야기를 읽어 줄 때까지 기다리지 않아도 된다. 전자책은 휴대용 기기에 내려받을 수도 있어 병원에서 진료를 기다리든, 공원에 앉아 있든 쉽게 이용할 수 있다. 전자책을 어른과 함께 읽으면 아이가 더 쉽게 참여하는 경향이 있다.

반면 전자책의 단점 중 하나는, 부모가 책 속의 이야기와 아이의 삶을 연계시키는 대화를 그리 많이 하지 않게 된다는 것이다. 전자책이 대화를 많이 유도하는 경우, 이야기 자체보다는 버튼과 소리에 관한 말을 더 많이 하게 된다. 한 연구에서 전자책보다 종이책을 읽는 아이들이 이야기를 훨씬 더 잘 이해하는 것으로 밝혀졌다. 이는 전자책의 기능이 너무 많은 탓에 아이가 산만해진 결과일 수 있다. 전자책이 책이 아니라 게임이나 장난감과 같다면, 이야기를 읽는 목적이 사라진다. 전자책을 선택할 때는 산만함을 유발하는 애니메이션이나 음악, 기능이 지나치게 많지 않은 것을 고르자.

전자책은 아이들의 언어와 읽기 능력을 향상할 수 있다. 또한 시각 자극이 더 필요한 아이들의 동기를 끌어내 책을 더 읽게 할 수도 있다. 부모의 참여는 전자책을 읽을 때나 종이책을 읽을 때나 여전히 중요한 요소이다.

종이책은 쓸모없어질까

2016년 퓨리서치센터Pew Research Center의 연구에 따르면, 태블릿이나 스마트폰으로 전자책을 읽는 미국인들이 늘고 있다. 하지만 종이책은 여전히 전자책보다 훨씬 더 인기가 있다. 아이들은 아이패드나 킨들 같은 장치보다 종이책 읽는 것을 더 좋아한다. 아이들은 책읽기를 제외한 거의 모든 일에 전자 기기를 사용한다. 연구에 따르면, 아이들이 사용하는 장치가 많을수록 대개 책을 덜 읽는다. 이는 청소년뿐만 아니라 어린이들도 마찬가지이다. 전자책과 오디오북을 선호해 종이책을 없애는 학교와 공공도서관은 아이들이 좋아하는 방식으로 책 읽는 것을 막고 있다. 아이들은 또한 종이보다 스크린을 더 느리게(6~11%) 읽는다. 자동차 운전처럼 해를 거듭할수록 전자 독서의 질과 속도가 점점 향상될 수 있지만, 그것은 몇 세대가 걸릴 수도 있다.

하지만 솔직히 말해 전자책과 오디오북은 사용할 장치만 있다면 더 쉽게 읽을 수 있다. 오버드라이브Overdrive와 후플라Hoopla 같은 웹사이트에서는 어린이와 어른 모두를 위한 책을 읽을 수 있다. 가입한 도서관과 도서관 카드만 있으면 된다. 구텐베르크 프로젝트Project Gutenberg는 무료로 읽을 수 있는 수천 권의 고전 도서를 제공한다. 국제아동전자도서관International Children's Digital

Library에는 50여 개 언어로 된 전 연령대의 어린이를 위한 수천 권의 무료 전자책이 들어 있다. 또한 아주 적은 비용으로 어린이를 위한 전자책을 볼 수 있는 에픽! Epic! 같은 웹사이트도 있다.

인터넷의 책읽어주기 사이트를 이용할 수도 있다. '스토리라인 온라인 Storyline Online'에서는 영화배우협회 Screen Actors Guild 회원들이 인기 있는 책들을 읽어 준다. 이들은 배우이기 때문에 전반적으로 표현력이 좋고 재미있게 읽어 준다. 그리고 이 이야기들은 자막 기능이 있거나 청각장애인도 들을 수 있다는 표시가 되어 있다. '우주에서 들려주는 이야기 Story Time from Space'는 NASA 및 우주과학발전센터 Center for the Advancement of Science in Space, CASIS와 협력해 글로벌우주교육재단 Global Space Education Foundation이 주도하는 프로젝트이다. 이 프로젝트의 목적은 스템 STEM 교육 STEM은 과학(S), 기술(T), 공학(E), 수학(M)의 첫 글자로, 이 4개 교과를 중점으로 과학기술에 대한 학생들의 흥미와 이해를 높이고 과학기술 기반의 융합적 사고력과 실생활 속 문제해결 능력을 키우는 교육 프로그램이다_옮긴이을 적극적으로 장려하는 것이다. 우주비행사 케이트 루빈스가 국제우주정거장 주변을 떠다니며 《발명가 로지의 빛나는 실패작 Rosie Revere, Engineer》을 읽어 주는 모습은 넋을 잃게 한다.

유튜브에도 책읽어주기에 이용할 수 있는 책들이 매우 많지만, 시간을 내어 아이와 함께 들을 책이니 신중하게 선별하자. 이들 콘텐츠는 읽어 주는 이야기를 들을 수 있다는 장점도 있지만, 어쩌면 다른 방법으로는 읽을 수 없는 책일 수도 있다.

교육용 **앱**은 **읽기**에 도움이 될까

아이들은 침 흘리던 시절부터 태블릿을 켜고 끄는 법을 배웠을 뿐만 아니라 두드리고, 가져다 대고, 드래그하는 기술을 갈고닦았다. 아이들을 위한 교육용 앱은 무수히 많다. 이 앱들은 빠른 속도로 증가하고 있고, 많은 앱이 초기 읽기 능력에 중점을 두고 있다.

연구자들은 미취학 아동을 위한 무료 및 유료 교육용 앱을 분석해 이 도구들이 아이들에게 필요한 것을 제대로 가르치고 있는지 조사했다. 그 결과, 앱의 50%가 구체적인 설명을 제공하지 않았고, 33%는 그저 그런 설명만을 제공했다. 설명을 반복한 앱은 15% 미만이었다. 이는 유아들의 짧은 주의력을 고려할 때 문제가 된다. 검토한 앱의 3분의 2 이상이 아이들이 질문에 답하지 못하고 애를 먹어도 난이도를 낮추지 못했다.

아이들은 혼자서도 태블릿과 앱을 이용해 읽기를 배울 수 있으며, 이는 이점으로 여겨질 수 있다. 그러나 많은 앱에 포함된 사운드와 애니메이션, 현란한 텍스트로 인해 아이가 산만해질 수 있다. 물론 이런 기능들은 아이들이 앱을 이용하도록 유도하고 동기를 높인다. 알파벳을 배우면서 웃긴 노래를 부르거나, 나타나거나 사라지는 물체를 보는 것보다 더 재미있는 게 있을까? 지식은 시각과 청각, 촉각, 신체나 근감각적 경험을 통해 자라난다.

읽기 능력을 키우기 위해 교육용 앱이 필요할 때가 있다. 어떤 제품이든 구매하거나 사용할 때는 품질과 함께 아이의 학습 요구에 얼마나 부합하는지 알아야 한다. 다만, 태블릿과 스마트폰이 부모와 아이 사이의 대화를 대신해서는 결코 안 된다.

온라인 자료를 어떻게 **받아들여야** 할까

위키피디아Wikipedia는 다양한 사람과 주제에 대한 정보를 검색하는 데 가장 널리 사용되는 웹사이트 중 하나가 되었다. 2001년 개설된 이 사이트는 현재 일곱 번째로 많이 찾는 웹사이트(상위 3개 사이트는 구글과 페이스북, 유튜브)이다. 이 무료 백과사전에는 300개 언어로 된 4,000만 개 이상의 글이 실려 있지만, 브리태니커 백과사전 온라인Encyclopaedia Britannica Online에는 영어로 50만 개 이상의 글이 실려 있다. 위키피디아는 온라인으로 완전히 무료이지만, 브리태니커는 온라인으로 제한된 양의 정보만을 무료 제공하므로 자세한 내용을 보려면 구독해야 한다(무게 584.37g, 연령 244세, 가격 1,395달러의 브리태니커 인쇄판은 마치 노쇠한 권투 챔피언처럼 더는 지탱하지 못하고 2012년 3월에 절판되었다).

하지만 이보다 더 큰 차이점은 '저자들'이다. 브리태니커는 100명 이상의 편집자에게 정보를 제공하는 전문가가 4,000명가량 된다. 위키피디아는 구성과 편집을 전적으로 '자원봉사자'가 한다. 자격 증명서가 있든 없든, 누구나 기사를 올리거나 첨삭하거나 수정할 수 있다. 2005년까지 이런 방식에 심각한 문제가 있었지만, 이후 오류를 줄이기 위해 일련의 '검증과 균형' 절차가 추가되었다. 최근에 위키피디아에 기사를 올리거나 수정을 시도해 본 사람이라면 누구나 쉽지 않다고 말할 것이다. 영화배우 위키 페이지에 신랄한 비판을 덧붙이고 싶은가? 만만찮은 코딩 기술이 필요한데다, 심지어 더 만만찮은 편집자를 만날 수도 있다. 게다가 '뷰 히스토리 View history'를 클릭하면 페이지 편집 과정의 전체 이력을 볼 수 있어 아무도 모르게 '슬쩍' 기사를 써넣을 수 없다.

자격을 갖추지 않은 다수가 기고하는 위키피디아에서 얼마나 많은 오류가 발견될까? 2005년, 《네이처 Nature》는 전문가 패널을 구성해 위키피디아와 브리태니커의 온라인 과학 기사 42건을 조사했다. 위키피디아는 평균 네 가지 오류, 브리태니커는 평균 세 가지 오류를 범했다. 전문가들은 42개 기사 중 8개에서 '심각한' 오류를 발견했는데, 4개는 위키피디아, 4개는 브리태니커였다.

저자의 문제 외에도 온라인상에서 위키피디아와 브리태니커의 가장 큰 차이는 그 범위이다. 당신의 출생 지역을 각 사이트에 입력해 보라. 브리태니커에서는 내가 출생한 도시(와이오밍주 록스프링스)가 뜨지 않지만, 위키피디아에서는 역사적인 건축물과 유적지의 사진과 함께 지역 교육구 정보가 떴다.

퓨리서치센터가 고등학생 2,500명을 대상으로 조사한 결과, 인쇄 자료를 통해 정보를 찾는 학생은 12%에 불과하다는 사실을 알아냈다. 구글이 1위, 위키피디아가 2위를 차지했다. 빌 켈러 전 뉴욕타임스 편집장도 가장 좋아하는 웹 도구로 검색 엔진 다음으로 위키피디아를 꼽았다.

위키피디아가 완벽한가? 그렇지는 않지만, 사용자의 규모와 범위를 고려할 때 무료 위키피디아는 디지털 시대의 경이로움 중 하나이다. 이 온라인 자료에 접근할 수 있는 능력으로 인해 전 세계인이 더 나아지고 더 똑똑해지고 있다. 역사를 통틀어 값비싼 백과사전은 도서관의 단단한 단풍나무 테이블에 묶여 있어 대중이 자유로이 사용할 수 없었다. 위키피디아의 출현으로 우리는 정보를 마음대로 찾아볼 수 있게 되었다. 부모와 아이의 대화에서 "당장 찾아보자"가 "내일 도서관에 가보자"의 자리를 대신하고 있다.

'아' 하는 순간이 있어야
'아하' 하는 순간이 온다

전자 기기 팬들은 이 기계장치와 아이들을 모두 과대평가하고 있는지도 모른다. 전자 기기를 저글링에 비유한다면, 디지털 기기는 양손을 번갈아가며 저글링하는 고무공과 같다. 공을 하나 더 추가할 때마다 저글링은 더 어려워진다. 세 번째, 네 번째 공을 추가할 때는 손이 정신없이 바빠진다.

2008년에 한 달 평균 2,272개였던 미국 10대들(13~17세)의 문자 메시지가 2010년에는 3,339개로 급증했다. 2018년에는 10대의 약 15%가 하루 평균 200개 이상의 문자, 혹은 몇 분마다 1개의 문자를 보냈다. 간단히 말해, 지적 · 정서적으로 가장 중요한 시기에 있는 아이들이 하루 100번 이상 메시지의 방해를 받는다. 요즘 고등학생들은 책을 읽는 대신 문자 메시지를 보내고, 스크롤하고, 소셜 미디어를 사용한다.

오늘날 10대들은 미디어에 하루 평균 9시간을 소비한다. 9세에서 13세 사이 아이들의 평균 소비 시간은 약 6시간이다. 아이들은 온라인 영상과 음악을 보고 듣는 데 시간을 쏟고 있다. 그리고 배경 화면의 미디어를 이용해 멀티태스킹을 하는 경우가 많다.

너무 많은 10대와 성인들이 24시간 내내 연결을 시도하기 때문에 한적한 시간이나 단절된 시간이 거의 없다. 뭐가 문제냐고? 더 많이 움직일수록 더 많은 것을 얻을 수 있는 것 아니냐고? 전문가들은 꼭 그렇지는 않다고 말한다.

창조적인 예술가와 사상가들은 대부분 잠시 손을 놓고 작업이 '무르익도록' 딴 생각을 하는(자전거 타기와 같은) 시간이 필요하다고 인정한다. 이 시간에 창조의 뮤즈가 말을 걸어온다고 한다. 그리고 뮤즈는 큰 소리로 외치지 않기 때문에 그의 말을 듣기 위해서는 혼자 있는 시간, 고독이 필요하다. 역사 속에는 빈둥거리는 시간에 통찰을 얻거나 중대한 발견을 한 사례가 무수히 많다. 아인슈타인은 풀던 수학 문제를 내려놓고 음악을 듣고 나서 다시 문제를 풀곤 했다.

그렇다면 아이들이 끊임없이 다운로드와 업로드, 문자 메시지, 유튜브, 인터넷 검색이나 742명의 '온라인 친구들'과 트윗을 하는 통에 연결이 끊길 틈이 없다면 창의력에는 어떤 영향을 미칠까? '깊은 사고'를 덜하고 창의력이 줄어든다. 제2의 스티브 잡스나 에디슨, 소크, 스필버그, 엘링턴, 스타인벡은 어디서 나올까? 정신 사나운 멀티태스킹에서 나올 것 같지 않다는 점은 분명하다.

우리가 끊임없이 연결을 시도하면, 두 개의 배터리 즉 디지털 기기와 우리의 배터리가 모두 수명을 다한다. 사람과 쥐를 관찰한 최근의 실험에 따르면, 멀티태스킹으로 뇌가 끊임없이 자극을 받으면 뇌 기능이 약화된다. 즉 '아' 하는 순간이 충분하지 않으면 '아하' 하는 순간을 경험하기가 훨씬 어렵다.

07

비주얼 리터러시와 책읽어주기

앨리스는 속으로 생각했다.
"그림도 대화도 없는 책이 도대체 무슨 재미람?"

루이스 캐럴, 《이상한 나라의 앨리스》

유아든 **4학년생**이든 내가 그림책을 읽어 줄 때마다 아이들은 모두 삽화에 관해 이야기하며 마음이 끌리거나 독특하거나 재미있는 부분을 언급하고 싶어한다(청소년과 성인들도 원하지만 대개 행동으로 옮기지는 않는다). 우리는 책 표지와 그 안의 이미지로 그림책을 판단한다. 《달을 먹은 아기 고양이 Kitten's First Full Moon》로 칼데콧상을 받은 작가이자 삽화가인 케빈 행크스는 "성공한 그림책의 뛰어난 점은 훌륭한 텍스트 없이 훌륭한 삽화가 탄생할 수 없고, 훌륭한 삽화 없이 훌륭한 텍스트가 탄생할 수 없다는 것이다… 그림책의 예술 형식은 사실상 32쪽에 담긴 글과 그림의 합작품이다"라고 말했다.

그림책은 모든 연령의 독자에게 호소력을 발휘하지만, 일반적으로 아이들은 이미지를 더 세심히 보고 어른들이 종종 놓치는 세부 사항을 짚어낸다. 삽화가 있으면 천천히 읽으며 펼쳐지는 이야기를 한껏 음미하게 된다.

그림책이나 삽화가 있는 챕터북, 그래픽 소설의 제작에는 표지에서 글꼴 크기, 면지에서 여백에 이르기까지 모든 면이 신중하게 고려된다. 말 그대로 처음부터 끝까지 책 전체를 살펴보지 않고도 이야기를 읽어 줄 수 있을까? 물론 그럴 수 있지만, 표지에 '숨겨진 보물'을 발견하거나 큰 글자는 더 큰 소리로 읽어 준다면 책 읽어주기의 질이 향상될 것이다. 나는 그림책의 예술적 혹은 디자인적 요소 하나하나에 주의를 기울이라고 권하지는 않는다. 이야기의 흐름이 끊기기 때문이다. 하지만 삽화를 음미한다면 책을 더 깊이 이해하고 감상하며, 조금 더 즐겁게 읽을 수 있다.

비주얼 리터러시가 왜 **중요**할까

우리는 한순간도 시각적 이미지에서 벗어날 수 없는 세상에 살고 있다. 우리가 TV와 소셜 미디어, 마트, 인터넷에서 매일 마주치는 이미지들을 생각해 보라. 문자 메시지를 보낼 때 우리는 감정을 이모티콘으로 표현하고 단어 대신 이미지를 사용한다. 우리는 비주얼 사회에 살고 있다. 그런데 우리는 이런 이미지와 그 의미를 해석하는 법을 어떻게 배웠으며, 오늘날 이것이 아이들에게 왜 중요할까?

비주얼 리터러시Visual Literacy는 꽤 오래된 용어이다. 비주얼 리터러시는 '시각적 이미지에서 의미를 해석하고 구성하는 능력'이라고 넓게 정의된다. 가정과 학교에서 우리는 아이들의 어휘력을 넓히고 의사소통 능력을 향상할 때 보통 언어 이해력에 중점을 둔다. 우리 어른들은 수년간 쌓은 어휘로 자신을 표현한다. 우리는 예술 관련 어휘에 자신감이 부족해서 그림책의 삽화에 관해 이야기하는 것을 피하기도 한다. 청소년들만큼 익숙하지 않은 그래픽 소설을 접하는 어른들은 이 시각적 형식을 읽어나가는 데 애를 먹을 수 있다.

많은 웹사이트가 학생들이 비주얼 리터러시를 습득하는 데 도움이 되는 방법을 제공한다. 한 예로, 애비게일 하우젠과 필립 예나윈의 시각적 사고 전략Visual Thinking Strategies, VTS이 있다. VTS는 다음과 같은 질문을 갖고 예술을 감상하고 이해하는 특별한 방식이다. 즉 "무엇이 보이는가? 무엇을 두고 그렇게 말하는가? 무엇을 더 찾을 수 있는가?" 뉴욕타임스는 매주 1회 사진이나 그림을 다루는 온라인 VTS 수업을 제공한다. 매주 월요일에는 14세 이상의 학생들을 대상으로 그 주의 이미지를 주제로 한 온라인 VTS 토론이 열린다.

오늘날 아이들이 접하는 상징과 인포그래픽, 지도, 차트, 다른 시각적 소통 수단의 수를 생각하면, 그들이 자신이 보는 것을 분석하고 해석하며 그것에서 의미를 끌어낼 수 있는가는 매우 중요하다. 아이들이 책에서 마주치는 삽화도 이에 포함된다. 그림과 대화를 통해 비주얼 리터러시를 습득하고 강화하는 것보다 더 좋은 방법이 있을까!

그림책의 **디자인 요소**에는 **무엇**이 있을까

모리스 샌닥의 《괴물들이 사는 나라Where the Wild Things Are》에서 맥스가 상상하는 모험이 커질수록 여백이 점점 줄어든다는 것을 알아챘는가? 나는 일곱 살짜리 학생이 보여 주기 전까지는 알지 못했다. 나는 삽화와 디자인을 알아야만 내 학생들처럼 그림책의 매혹적인 측면을 발견할 수 있다는 것을 깨달았다.

어느 날 공공도서관에서 우연히 발견한 존 워런 스테위그의 《그림책 보기Looking at Picture Books》라는 책을 보고 나는 그림책에 대한 내 관점과 이해를 깡그리 바꿨다(애석하게도 이 책은 현재 절판 상태이지만, 일부 온라인 서점에서 구할 수는 있다). 나는 이야기를 전달하는 데 기본적인 역할을 하는 선과 색, 비례, 형태에 대해 전혀 알지 못했다. 스테위그는 다양한 책들을 차근차근 '소개하며' 내가 놓친 것을 보도록 도와주었다. 나는 텍스트에만 집중하기보다 책 전체를 천천히 감상할 필요가 있었다.

읽는 즐거움이 사라지고 이야기가 뒷전으로 밀릴 정도로 모든 세부 사항을 시시콜콜 따지거나 책을 낱낱이 분석하라는 이야기가 아니다. 그보다는 아이나 학생들에게 그림책을 읽어 줄 때 잠시 멈추고 숙고함으로써 비주얼 리터러시와 어휘력을 키우기를 바라는 것이다. 결과적으로 책의 레이아웃과 디자인에 의도가 있었음을 알게 될 것이다. 이런 요소들은 전체 독서 경험에서 필수적인 부분이 된다.

다음은 살펴봐야 할 몇 가지 디자인 요소들이다.

크기와 판형

보드북은 보통 사각형에 크기size가 작아서 주요 독자인 유아들이 편안하게 잡을 수 있다. 그림책의 판형orientation은 대부분 가로나 세로가 긴 직사각형이다. 루드비히 베멜먼즈의《씩씩한 마들린느Madeline》가 일반 그림책보다 세로가 더 큰 이유는, 파리의 덩굴로 뒤덮인 오래된 기숙사에 사는 "두 줄로 선 열두 여자아이들"을 다 집어넣기 위해서였을 것이다. 혹은 배경에 어렴풋이 보이는 에펠탑의 높이감을 표현하기 위해서였을 것이다.

모 윌렘스의 유머러스한 책《나네트의 바게트Nanette's Baguette》는 가로로 나네트가 바게트를 사러 가는 여정을 완벽하게 담고 있다. 책의 크기 덕분에 따끈하고 먹음직스럽게 구워진 기다란 빵과

나네트가 참지 못하고 한입, 두입, 세입 베어 물자 바게트가 두 쪽으로 파삭! 부서지는 모습이 시각적으로 표현되었다.

표지와 재킷

서점이나 도서관의 책장을 둘러보다가 표지cover가 눈에 띄는 책을 발견하면 집어 들 것이다. 표지의 삽화는 독자에게 초대장 역할을 하므로 시선을 끌 필요가 있다.

벤 뉴먼의《우우! Boo!》는 용감한 작은 쥐가 올빼미를 만나는 매력적인 점층적 구조의 이야기이다. 표지에는 Boo의 두 개의 O와 함께 눈을 휘둥그렇게 뜬 쥐가 그려져 있다. 표지를 넘기는 순간 두 개의 O가 악어의 눈이라는 사실을 알고 놀라게 된다.

리즈 가튼 스캔런의《온 세상을 노래해 All the World》에 아름다운 구름이 가득한 하늘을 배경으로 길 위에 서 있는 두 주인공을 그려 넣은 말라 프레이지의 삽화는, 표지에 새긴 세계와 인류에 대한 찬양이라 할 수 있다. 이 삽화가 예술인 이유는, 파스텔 색조가 눈을 즐겁게 할 뿐만 아니라 등장인물들과 이런 설정에 대한 궁금증을 유발하기 때문이다.

시선을 끌기 위해 표지를 천연색으로 꾸밀 필요는 없다. 맥 바넷과 존 클라센의 형상 3부작—《삼각형 Triangle》,《사각형 Square》,《동그라미 Circle》—은 흰 바탕에 검은 형상 하나가 그려져 있다. 이 세 권의 책은 독자들이 사물을 조금 다르게 보도록 자극한다.

간혹 재킷Jacket을 벗겨내면 하드커버에 같은 삽화가 있기도 하다. 아니면 내가 '보물'이라고 부르는 것이 있을 수도 있는데, 그것은 다른 그림이나 양각된 이미지나 한 가지 색일 수 있다.

라이언 T. 히긴스의 유쾌한 책《우리 반 애들은 안 잡아먹어We Don't Eat Our Classmates!》재킷 아래의 하드커버에는 빨대로 사과주스를 마시는 물고기가 그려져 있다. 공룡인 페넬로피 렉스가 반 아이들(어린 인간들)을 잡아먹고 싶어하는 이야기를 읽어야만 이 표지를 이해할 수 있다.

필립 C. 스테드의《안녕, 사과나무 언덕의 친구들All the Animals Where I Live》재킷에는 빨간 집 앞에서 쓸쓸한 도시 개가 사과나무 언덕을 바라보는 모습이 그려져 있다. 도시를 떠나 시골에서 살게 된 이 개는 함께 살아갈 동물 친구들이 훨씬 더 많아졌다. 재킷 아래 빨간색 표지에는 수탉 모습이 양각되어 있다. 이 수탉은 이야기에서 어떤 의미를 지닐까?

다음번에 그림책을 집어 들면 재킷 아래를 들춰보고 어떤 보물을 찾을 수 있을지 보자.

면 지

그림책의 하드커버를 펼칠 때 나오는 첫 쪽과 마지막 쪽이 면지endpapers이다. 면지를 무대 공연을 시작하고 끝내는 커튼이라고 생각하자. 대개 우리는 그림책을 집어 들면 면지를 건너뛰고 곧바로 제목이 있는 표제지title page를 펼친다. 때로는 지나쳐 버린 이 면들이 이야기의 시작과 끝을 말해 준다.

베키 블룸이 쓰고 파스칼 비에가 그린《난 무서운 늑대라구!Wolf!》의 앞 면지에는 늑대가 마을로 들어가는 모습이 그려져 있다. 이야기는 이렇다. 모든 동물이 책읽기에 정신이 팔려서 포식자인 이 동물을 본체만체한다. 그들의 행동에 당황한 늑대는 자신이 놓친 것이 무엇인지 알아내겠다고 결심한다. 뒤 면지에는 늑대가 새 친구들과 함께 손에 책을 들고 앉아 있는 모습이 보인다.

자일스 안드레아가 쓰고 가이 파커-리스가 그린《기린은 춤을 못 춰요Giraffes Can't Dance》의 앞 면지에는 껑충한 기린 제럴드가 여러 가지 포즈를 하고 3열 횡대로 서 있는 모습이 그려져 있다. 이 줄을 눈으로 빠르게 훑으면 제럴드가 춤추는 모습이 보일 수도 있다.

빌 마틴 주니어가 쓰고 에릭 칼이 그린《갈색 곰아, 갈색 곰아, 무엇을 보고 있니?Brown Bear, Brown Bear, What Do You See?》에는 이야기 속 동물들의 색을 상징하는 줄무늬가 등장하는 순서대로 그려져 있다.

전 문

우리는 책을 서둘러 읽기 시작하므로 전문front matter 본문을 제외한 표제지 · 머리말 · 차례 등을 이른다__옮긴이 즉 면지 뒤나 표제지 전에 나오는 첫 번째 삽화를 그냥 넘길 수 있다.

로라 바카로 시거의 《불리 Bully》의 첫 번째 삽화를 건너뛰면 이야기의 중요한 부분을 놓치게 된다. 이 그림에는 큰 회색 황소가 작은 누런 황소에게 "꺼져!"라고 소리치는 모습이 그려져 있다. 독자는 작은 황소가 어떻게 무시당했는지를, 그리고 그 가해자는 큰 황소라는 것을 알 수 있다.

필립 C. 스테드의 《바다의 유일한 물고기 The Only Fish in the Sea》의 첫 쪽에는 자전거 페달을 맹렬히 밟고 있는 소년이 그려져 있다. 책장을 넘기면, 그가 멈춰서 새디에게 소리치는 모습이 보인다. 분명 어린 에이미 스콧은 생일 선물로 금붕어를 받지만, 이내 "금붕어는 재미없어!"라고 내뱉는다. 소녀는 결국 새로 받은 선물을 바다에 던져 버린다. 책의 일곱 번째 쪽이 표제지이다. 첫 쪽부터 읽지 않았다면 얼마나 많은 것을 놓쳤을지 생각해 보라. 물론 책을 계속 읽어 운 나쁜 금붕어에게 무슨 일이 일어나는지 알아내야 한다.

타이포그래피

우리는 문자나 이메일, 문서를 작성할 때 사용할 글꼴의 형태와 크기를 고민하게 된다. 북디자이너들도 비슷한 결정을 내려야 한다. 글꼴은 모양과 크기, 색을 기반으로 단어나 구가 어떻게 표현되는지에 대한 시각적 단서를 보여 준다.

존 클라센의 《내 모자 어디 갔을까?I Want My Hat Back》에서 곰은 잃어버린 모자를 찾아 나선다. 자신의 빨간 모자가 토끼의 머리에 씌워 있었음을 깨닫기 전까지 글꼴의 크기와 색은 곰이 길에서 만나는 동물들에게 질문을 던지는 데 중요한 역할을 한다. "내 모자 못 봤니?"라는 곰의 질문은 검은색으로, 동물의 대답은 빨간색으로 표시되어 있다.

B. J. 노박의 《그림 없는 책The Book with No Pictures》은 다양한 크기의 검은색 활자와 많은 여백, 일부 텍스트를 강조하는 색에 의존해야 한다. 그림 없는 그림책이라고? 우스꽝스럽기 짝이 없는 단어와 구절들을 몽땅 다 소리 내어 읽어야 하기 때문에 이 사실을 거의 알아차리지 못할 것이다.

말풍선

말풍선speech bubbles/speech balloons은 그래픽 소설에서 볼 수 있는 요소이지만, 그림책에서도 널리 사용된다. 말풍선은 특정 인물의 말이나 생각을 표현하는 디자인 요소일 뿐만 아니라 그래픽 틀이기도 하다.

30명의 손자 때문에 돌기 직전인 할머니는 "날 좀 그냥 내버려 둬!"라고 거듭해서 외친다. 할머니는 그저 뜨개질을 하고 싶을 뿐이다. 베라 브로스골의 유머러스한 이야기 《날 좀 그냥 내버려

둬! Leave Me Alone!》에는 책 제목이자 주제어인 이 문구가 반복적으로 등장하며, 그때마다 아이들도 따라 외친다.

가끔 등장인물이 소리를 지를 때는 말풍선에 톱니 모양의 두꺼운 윤곽선을 그린다. 글꼴도 다른 텍스트보다 커질 수 있다. 아마도 말풍선의 최고봉은 작가이자 삽화가인 모 윌렘스가 어린 독자들을 위해 쓴 코끼리와 꿀꿀이 Elephant and Piggie 시리즈일 것이다. 윌렘스는《기다리는 건 쉽지 않아! Waiting Is Not Easy!》에서 화자의 말풍선을 통해 다양한 감정을 전달하는데, 화자마다 말풍선의 색이 달라 어떤 동물이 말하는지 분명히 알 수 있다. 윌렘스는《비둘기에게 버스 운전은 맡기지 마세요! Don't Let the Pigeon Drive the Bus!》나《강아지가 갖고 싶어! The Pigeon Wants a Puppy》 같은 비둘기 Pigeon 시리즈에서도 말풍선을 효과적으로 사용한다.

테두리와 프레임

테두리 border는 지면의 전체 삽화를 둘러싸며, 프레임 frames은 일련의 동작이나 움직임, 시간의 경과를 담는다. 캔디스 플레밍이 쓰고 에릭 로만이 그린《불도저의 생일 Bulldozer's Big Day》에는 표지와 본문 삽화를 둘러싼 검은 테두리가 보인다. 테두리는 불도저와 말풍선의 윤곽을 표현한 굵은 검은 선을 보충해 준다. 때로는 이야기 속의 다른 중장비들을 테두리 안에 다 집어넣지 못해 일부만 그려 넣음으로써 그 엄청난 크기를 암시한다.

작가이자 삽화가인 잰 브렛은 테두리를 효과적으로 사용해 부가적인 정보와 이야기 요소들을 제공한다. 우크라이나의 옛이야기를 새롭게 해석한《털장갑The Mitten》에서 두더지를 포함한 몇몇 동물들이 추운 겨울 날씨를 피하려고 눈 위에 떨어진 털장갑 속으로 차례로 들어간다. 왼쪽 테두리에는 털장갑 모양의 컷아웃 안에 지금 털장갑에 살고 있는 동물들을, 오른쪽 테두리에는 이제 막 털장갑에 도착한 동물들을 보여 준다.

이 모든 디자인 요소들은 이야기에 또 다른 즐거움과 의미를 제공한다. 이야기를 다시 읽어도 즐거운 많은 이유 중 하나는 처음 읽을 때 놓친 것을 발견할 수 있기 때문이다.

삽화가는 **예술적 요소**를 어떻게 **사용**할까

디자인 요소는 책의 구성 방식인 반면, 예술적 요소는 삽화가가 예술을 통해 의미를 전달하는 방법을 보여 준다. 미술관을 찾을 때마다 나는 작가들의 창작물에 경외감을 느낀다. 손 안의 미니 미술관 같은 그림책과 그래픽 소설도 같은 느낌이다. 그 그림들이 책 속의 지면이 아니라 벽에 걸려 있다면, 눈앞의 그림이 예술 작품이라는 것에 의문을 제기할 사람은 거의 없을 것이다.

내가 즐겨 읽어 주는 많은 책 중 하나는 필립 C. 스테드가 쓰고 에린 E. 스테드가 그린《아모스 할아버지가 아픈 날 A Sick Day for Amos McGee》이다. 동물들을 살뜰히 보살피는 동물원지기의 이야기를 담은 목판화는 위안을 준다. 어느 날 할아버지가 몸이 아파 몸져눕게 되자 동물들은 자신들의 방식으로 그를 돌보기로 한다. 노란 줄무늬 벽지에서부터 아모스의 초록색 파자마, 이야기 여기저기서 불쑥불쑥 튀어나오는 빨간 풍선에 이르기까지 잠시 멈춰 에린 스테드의 예술 양식을 음미하고 싶어진다. 이것들은 귀여운 그림이 아니라 인간과 동물의 정서적 유대와 함께 각각의 성격과 특징을 묘사하는 회화이다.

브라이언 셀즈닉, 멜리사 스위트, 제임스 랜섬, 던컨 토나티우, 에릭 칼, 브라이언 콜리어, 유이 모랄레스, 댄 샌탯, 몰리 아이들 등 나를 예술로 이끄는 수많은 삽화가가 있다. 이들에게는 자신만의 예술 양식이 있는데, 저마다 다른 소재를 사용해 예술을 창조하며 획기적이고 환상적인 방식으로 디자인과 예술적 요소를 사용한다. 그림책을 감상하기 위해 우리가 미술 전문가가 될 필요는 없다. 창조의 과정은 누구나 보고 느끼고 탐색할 수 있다. 다음은 아이들의 관심을 끄는 몇 가지 요소들이다.

선

선 lines은 두껍거나, 얇거나, 구부러지거나, 곧거나, 들쭉날쭉

하거나, 지그재그이거나, 대각선일 수 있다. 선은 수지 리의《선Lines》에서 스케이터가 지면을 가로질러 미끄러질 때 눈도 따라가게 하거나,《우우! Boo!》의 커버에 그려진 작은 쥐처럼 삽화의 특정 부분에 주목하게 하는 데 도움이 된다.

색

색color은 기분과 감정, 인물, 개념을 묘사한다. 색은 천연색에서 흑백까지 범위가 넓다.《세상의 많고 많은 초록들Green》에서 로라 바카로 시거는 숲 속의 울창한 초록과 바닷속 깊푸른 초록, 라임의 싱그런 초록을 통해 초록색의 다양한 색조와 질감을 탐구한다. 그 후속작인《세상의 많고 많은 파랑Blue》에서 시거는 보들보들한 작은 파랑 담요나 우릉우릉 폭풍우가 치는 푸른 밤, 오슬오슬 푸른빛이 도는 겨울 눈밭 등 파랑색을 통해 소년과 반려동물 사이의 우정을 그린다.

관 점

관점perspective은 이야기의 또 다른 의미나 해석의 층을 제공한다. 우리는 새의 관점에서 한 장면을 내려다볼 수도, 벌레의 관점에서 위를 올려다볼 수도 있다. 가장 좋은 예가 크리스 반 알스버그의《장난꾸러기 개미 두 마리Two Bad Ants》로, 모험심 많은 두 곤충이 모든 것이 거대해 보이는 기이한 부엌의 세계를 탐험하는 이야기이다.

삽화가는 목적을 가지고 지면 위에 사물이나 인물을 배치한다. 그것이 전면에 있으면 관심을 더 끌게 되고, 중앙에서는 눈을 위나 아래로 움직이게 하며, 배경에서는 사물이 더 멀리 있는 것처럼 느껴지게 한다.

질 감

질감texture은 물체가 단단하거나 부드럽거나, 매끄럽거나 거칠다는 착각을 일으킨다. 아이들은 손을 뻗어 그림을 만지면 질감을 느낄 수 있다고 생각한다. 에릭 칼의 《아주 바쁜 거미The Very Busy Spider》 양장본hardcover 판에 나오는 거미줄은 특수 소재로 표현해 아이들이 만져 볼 수 있게 함으로써 다감각적인 경험을 제공한다.

여 백

여백space은 책을 읽어 줄 때 눈에 들어오기는 하지만 그 중요성을 깨닫지 못할 수 있는 요소이다. 앞서 언급했듯이, 모리스 샌닥은 《괴물들이 사는 나라Where the Wild Things Are》에서 여백을 스토리텔링의 요소로 사용했다. 삽화 주위의 흰 여백이 점점 작아지다가 양면에 걸쳐 맥스와 괴물들의 대소동이 펼쳐진다.

글 **없는** 책은 **어떻게** 읽어주어야 할까

오늘날 출간된, 가장 시각적으로 매력적인 도서 중에 글 없는 책이 있다. 글 없는 그림책은 말 그대로 글 없이 그림으로만 이야기를 전달한다. 대화를 끌어내는 데 더할 나위 없는 이 책은 언어와 사고 능력, 이야기의 창작과 개작 능력을 발달시키는 데 사용할 수 있다. 이 책은 또한 이야기의 순서를 간파하고, 세부 사항을 식별하며, 인과 관계에 주목하고, 판단하며, 주요 아이디어를 결정하고, 예측할 수 있는 능력을 향상한다. 글 없는 책은 책을 읽지 못하는 아이부터 책을 읽기 시작한 아이, 모든 언어의 사용자, 아이들에게 책을 읽어 주려는 어른(문맹자나 반문맹자일지라도)까지 누구든 읽을 수 있다.

글 없는 책을 집어 들면 어떻게 읽어주어야 할지 난감할 것이다. 언뜻 보기에는 이야기가 없는 것처럼 보인다. 아이에게 글 없는 책을 읽어 주면 속도를 늦추게 되어 전개되는 이야기, 즉 당신과 아이가 만들어 내는 이야기를 감상할 기회를 얻게 된다.

먼저 각 지면의 삽화를 탐구해 보자. 등장인물이 무엇을 하고 있는지 토론하자. 다음에 무슨 일이 일어날지 예측해 보자. 그림에 대해 질문하자. 나는 항상 아이들이 어른들보다 관찰력이 훨씬 뛰어나다는 사실에 놀란다. 글 없는 책을 아이와 읽을 때 가장 좋은 점은 우리의 상상력을 이용해 멋진 이야기를 창작하는 경험을 공유하는 것이며, 그 이야기는 책을 읽을 때마다 달라질 수 있다.

위에서 설명한 디자인과 예술적 요소에 대한 모든 정보는 글 없는 책을 읽어 줄 때 효과를 발휘할 것이다. 재킷과 면지를 보면서 선이나 색이 어떻게 사용되었는지 곰곰이 생각해 보자. 텍스트가 있는 책처럼 글 없는 책도 발단과 전개, 결말이 있다. 아이가 그림을 보면서 차례로 이야기를 만들도록 반드시 도와주어야 한다.

책장을 넘기면서 등장인물의 생각과 느낌, 감정을 읽어 보자. 삽화를 통해 전달되는 이야기가 있지만, 무엇보다 모든 이야기를 이해할 수는 없다는 점을 기억해야 한다. 그리고 삽화가는 책읽어주기에 끼어들지 않기 때문에 부모와 아이는 자신들이 이해하는 방식으로 삽화를 해석할 수 있다. 표정과 배경, 행동의 순서를 살펴보자. 솔직히 옳고 그른 답은 없다.

2012년 칼데콧상을 받은 크리스 라쉬카의 《빨강 파랑 강아지 공A Ball for Daisy》은 유쾌한 글 없는 그림책이다. 스팟 삽화spot illustrations와 수평 패널horizontal panels은 강아지 데이지가 아끼는 공을 가지고 노는 움직임과 일련의 동작들을 보여 준다. 친구 강아지가 그 공을 터트리는 순간 아이들은 무슨 일이 일어났는지, 데이지가 어떻게 느끼고 있는지를 쉽게 알아차린다.

에릭 로만의 《날마다 말썽 하나!My Friend Rabbit》도 칼데콧 수상작으로, 어쩌다 생쥐의 새 비행기를 나무 위로 던져 버린 토끼의 이야기이다. 둘은 나뭇가지에 걸린 비행기를 되찾을 방법을 궁리해야 한다. 로만은 서로의 등에 올라앉아서 짜증이 날 대로 난 동물들의 무더기가 점점 높아지는 모습을 그리기 위해 결국 지면의 프레임 밖으로 확장하는 방식으로 여백과 테두리를 창의적으로 사용한다.

글 없는 그림책은 어린이만을 위한 것이 아니다. 숀 탠의 《도착The Arrival》은 더 나이 든 독자들을 위한 책으로 이민자들의 이야기를 들려준다. 헨리 콜의 《자유지하철도Unspoken:A Story from the Underground Railroad》는 그림만으로 이야기를 이해하려면 배경 지식이 필요하므로, 특히 더 큰 아이들과 읽기에 더없이 좋은 글 없는 책이다.

그래픽 소설은 만화책과 무엇이 다를까

우리 어른들은 아마도 예전에 만화책을 읽었을 것이다. 자라면서 나는 슈퍼맨과 배트맨뿐만 아니라 아치나 저그헤드, 베로니카, 베티, 리치 리치가 등장하는 만화책의 최신작을 사러 동네 편의점으로 달려가곤 했다. 오늘날의 만화책은 주로 사춘기 소년들이 읽는 것으로 치부되곤 하지만, 만화는 이제 이 장르만을 다루는 연례 전시회가 있을 정도로 주류가 되었다.

만화comics와 그래픽 소설graphic novels이 인기를 끌면서 출판사들은 남녀 독자들을 사로잡을 책들을 내놓고 있다. 그래픽 소설은 전통적인 서사 형식의 챕터북과 소설에 흥미를 잃었을지 모르는 아이들에게 큰 호소력을 지닌다.

그래픽 소설은 디자인 특성이 그림책과 비슷하지만, 이와 다르게 사용되거나 정의된다.

- **패널**panels은 이미지와 텍스트의 조합으로 이야기의 순서를 만든다.
- **프레임**frame은 패널을 담은 선과 테두리로 구성된다.
- **캡션**captions은 장면 설정과 설명을 포함한 다양한 텍스트 요소가 있는 상자이다.
- 그래픽 소설의 **거터**gutter는 장면과 화자, 시간, 관점을 전환하는 패널 사이의 흰 여백이다.
- **블리드**bleed는 여백 없이 지면 가장자리나 그 너머까지 확장되는 이미지이다.
- **글꼴**font은 분위기나 어조를 만들거나, 표현과 억양을 암시하거나, 시각 디자인의 한 요소로 사용된다.
- **내러티브 상자**narrative box는 장면을 묘사하거나, 등장인물이 어떤 사람인지 귀띔하거나, 추가 정보를 담아 이야기에 대한 독자의 이해를 높인다.

- **음영** shading과 **색채** coloring는 감정과 기분, 정서를 전달한다. 음영은 다른 문학보다 그래픽 소설에서 더 많이 사용된다.
- **그래픽 효과** graphic weight는 일부 이미지를 다른 이미지보다 더 부각시키는 방식을 설명하는 용어이다.
- 그래픽 소설의 **말풍선** speech balloons은 크기와 모양, 레이아웃이 다양하며, 두 인물 사이의 외면의 대화나 내면의 생각을 보여 준다. 일반적으로 점선으로 된 풍선이나 몽글몽글 올라가는 거품 모양으로 묘사된다.

만화와 그래픽 소설은 삽화와 텍스트에 주의를 기울이면서 패널을 훑는 다른 차원의 읽기 기술이 필요하다. 재클린 맥타가트에 따르면 '만화책'이라는 용어는 "프레임과 글, 그림의 조합을 통해 의미를 전달하고 이야기를 들려주는 모든 형태를 의미한다. 모든 그래픽 소설은 만화이지만, 모든 만화책이 그래픽 소설인 것은 아니다." 보통 만화책은 28쪽 길이에 잡지와 비슷해 보이지만, 그래픽 소설은 길이가 더 길고 무선이나 양장 제본으로 되어 있다.

그래픽 형식의 이야기는 어떻게 **읽어주어야** 할까

청소년뿐만 아니라 나이 어린 독자들이 그래픽 형식에 끌리게 되는 이유는, 텍스트가 적고 줄거리의 시각적 측면에 더 의존하기 때문이다. 조프리 헤이스의 《곤경에 빠진 베니와 페니 Benny and Penny in the Big No-No!》와 같은 어린 독자들을 위한 그래픽 책들은 공감 가는 이야기를 읽기 쉬운 형태로 소개한다. 신비한 이웃집 뒷마당으로 몰래 들어가는 베니와 페니 남매는 이것이 잘못된 행동이고 결과가 따를 수 있다는 것을 알고 있다. 베니와 페니 같은 책을 어린아이들에게 읽어 주면서 패널의 순서에 따라 그래픽 형식이 작동하는 방식이나 인물이 생각하거나 말하는 때, 텍스트에서의 별과 물음표, 느낌표의 의미를 알려 줄 수 있다.

그래픽 형식의 책을 읽어 주면 아이들은 이야기를 이해하기 위해 행간을 읽는 법과 패널과 패널 사이에 빠진 것을 채우는 법을 배운다. 텍스트나 대화가 없는 패널이 있을 때는 손가락을 사용해 패널에서 패널로 아이들을 안내하고, 이야기 전개가 빠를 때는 손을 빠르게 움직여 흥미진진하게 할 수 있다. 부모와 아이가 이야기를 덧붙일 수도 있다. 잠시 멈춰서 "무슨 일이 일어난 걸까?" 아니면 "소녀가 뭘 하고 있는 것 같아?" 같은 질문을 해보자.

유치원생부터 1학년생에게 읽어 줄 그래픽 형식을 고를 때는 베니와 페니와 같이 등장인물이 적은 책을 고르자. 두세 명이 대화를 주고받는 책이면 도전하기에 충분하다. 또한 살리나 윤의 《내 연이 걸렸어! 그리고 다른 이야기들 My Kite Is Stuck! And Other Stories》 같은 책을 찾아보자. 이 이야기는 한 지면에 담긴 패널의 수가 적어서 아이가 흐름을 따라가기가 더 쉽고, 두 사람이 같은 패널을 읽기도 더 쉽다. 작은 그래픽 책보다 큰 책이 함께 읽기가 더 쉽다는 점도 명심하자. 그래픽 형식의 이야기는 보통 그림책보다 대화가 더 많으므로 책읽어주기가 낭독 공연이 될 수 있다. 그러므로 즐기자!

그래픽 소설은 아이들이 읽기와 서술 방식을 배우는 데 도움이 된다. 한 지면에 텍스트와 하나의 큰 삽화가 나오는 대신, 그래픽 형식은 이야기의 한 단계 한 단계를 보여 준다. 제니퍼 홀름의 아기 생쥐 Babymouse 시리즈나 닉 브루엘의 배드 키티 Bad Kitty 시리즈 같이 색채가 밝고 동물이 주인공인 이야기들은 엄청난 매력을 지니고 있다. 이런 책들은 아이들이 아는 단어들을 가리키고 이야기가 일어나는 순서를 설명하면서 부모와 교감하게 한다.

만화로 아이의 마음과 어휘까지 챙기고 싶다면, 에르제의 《땡땡의 모험 The Adventures of Tintin》을 추천한다. 90년 가까이 출간되면서 80개 언어로 번역되어 3억 부가 판매되었고, 피터 잭슨과 스티븐 스필버그에 의해 영화화되었다면, 특별한 책인 게 분명하다. 퓰리처상을 받은 역사가 아서 슐레징거 2세가 가족에게 즐겨 읽어 준 책들을 꼽았을 때, 에르제의 《땡땡의 모험》은 마크 트웨인의 《허클베리 핀의 모험 The Adventures of Huckleberry Finn》과 그리스 신화 사이에 끼어 있었다. 둘 다 쟁쟁한 책들이다.

각 권에 실린 700개의 정밀한 삽화를 조사하고 그리는 데 2년이 소비되었다는《땡땡의 모험》은 반드시 읽고 이해해야 할 책이다. 또한 각 권에는 8,000개의 단어가 들어 있다. 여기서 놀라운 점은, 아이들이 8천 단어를 읽고 있다는 사실을 모른다는 것이다(보물창고의 챕터북 목록에 있는《티베트에 간 땡땡Tintin in Tibet》을 보라).

이런 종류로 중학생들에게 적당한 책은 레이첼 르네 러셀의 도크 다이어리Dork Diaries 시리즈가 있다. 제프 키니 캐릭터 윔피 키드 시리즈의 중학생 소년 그레그__옮긴이의 여성판이라 할 수 있는 니키 맥스웰의 이야기이다. 사라 바론은 완벽한 신발 한 켤레를 만들기 위한 방법을 찾아나선 당나귀 프란시스에 관한 이야기《새 신발New Shoes》을 비롯해 수많은 그래픽 소설을 썼다. 시시 벨의 자전적 소설《엘 데포El Deafo》나 섀넌 헤일이 쓰고 르윈 팸이 그린《진짜 친구Real Friends》와 같은 유머러스한 그래픽 소설은 10대 초반을 포함한 10대들이 인정하거나 공감할 수 있는 문제와 상황을 이야기에 담았다.

인터랙티브 북은 어떤 책일까

인터랙티브 북interactive books이 나온 지 수십 년이 되었지만, 공학적 경이로움은 말할 것도 없고 날이 갈수록 정교해지고 있다.

베이비 샤워출산을 앞둔 임신부에게 태어날 아기를 위한 선물을 주는 파티__옮긴이의 대표적인 선물인 도로시 쿤하르트의 《토끼를 쓰다듬어 봐 Pat the Bunny》를 모두 잘 알 것이다. 이 책은 어린아이가 다양한 질감을 만지고 느끼도록 유도한다. 오늘날의 인터랙티브 북에는 아이들이 들어올리고, 당기고, 펼치고, 흔들고, 눌러 볼 수 있는 플랩flap이나 팝업pop-up이 포함되어 있다. 어린아이들에게 잘 어울리는 책이 있는가 하면, 자신에게 끈을 잡아당길 힘이 있음을 아는 아이들에게 맞춤인 책도 있다.

리프트 더 플랩 북lift-the-flap book은 다소 내구성이 있을 수도, 아주 쉽게 망가질 수도 있다. 살리나 윤의 《악어가 입을 맞출까? Do Crocs Kiss?》 같이 아이들이 플랩을 들어올리면 각 동물의 입에서 소리가 나는 보드북 형식이 어린아이가 만지기에 가장 좋다. 로드 캠벨의 《친구를 보내 주세요! Dear Zoo》는 1982년에 출간되었지만, 완벽한 반려동물을 찾는 이 책의 등장인물은 여전히 아이들의 마음을 사로잡고 있다.

로버트 사부다나 매튜 라인하트, 데이비드 A. 카터의 팝업북을 보았다면, 그들이 얼마나 뛰어난 종이 공학을 이루어 냈는지 알 것이다. 《오즈의 마법사 The Wonderful Wizard of Oz》, 《이상한 나라의 앨리스 Alice's Adventures in Wonderland》, 《미녀와 야수 Beauty & the Beast》, 《인어공주 The Little Mermaid》 등을 각색한 사부다의 책들은 걸작이다. 라인하트는 사부다와 함께 몇 권의 팝업북을 만들었으며, 《해리 포터 영화 속 호그와트 팝업 가이드Harry Potter:A Pop-Up Guide to Hogwarts》로 자신의 예술 작품을 선보였다. 카터의 팝업북은 아이와 어른 모두를 위한 책이다. 카터는 《상자 안에 벌레가 몇 마리 있을까?:숫자 세기 팝업북How Many Bugs in a Box?:A Pop-Up Counting Book》, 《벌레의 촉감 : 만지고 느끼기Feely Bugs:To Touch and Feel》, 《벌레의 생일:팝업 파티Birthday Bugs:A Pop-Up Party》, 《벌레의 집짓기:분주한 팝업북Builder Bugs:A Busy Pop-Up Book》을 포함해 600만 부가 넘게 팔린 초대형 히트작인 버그Bugs 시리즈를 만들었다.

팝업북은 일반적으로 수작업으로 제작되기 때문에 그림책이나 챕터북보다 비싸다. 이 책들은 대화를 끌어내기에는 매우 좋지만 매일 읽어 주기에 적당하지는 않다. 하지만 재미 요소가 있어서 유쾌하고 즐겁게 함께 읽을 수 있다.

08

책읽어주기가 왜 그렇게 중요한가

내 이름은 인디아 오팔 불로니다.
지난여름, 목사님인 아빠 심부름으로 마카로니 치즈
한 상자랑 흰쌀이랑 토마토 두 개를 사러
윈딕시 슈퍼마켓에 갔다가
개 한 마리를 데리고 돌아오게 되었다.

케이트 디카밀로, 《내 친구 윈딕시》

이 책의 각 장 앞에는 아동 도서의 인상 깊은 첫 문장이나 인용문이 실려 있다. 소설이나 챕터북, 그림책의 글이든 삽화이든 훌륭한 문학은 우리를 사로잡아 이야기를 끝까지 읽게 한다.

나는 부모와 교사들로부터 읽어 줄 책을 어떻게 골라야 하느냐는 질문을 자주 받는다. 나는 아이들이 즐거워하는 책이어야 한다고 대답한다. 아마도 그런 책은 로버트 맥클로스키의 《아기 오리들한테 길을 비켜 주세요 Make Way for Ducklings》나 J. K. 롤링의 《해리포터와 마법사의 돌 Harry Potter and the Sorcerer's Stone》 같이 아이들이 좋아하는 책일 것이다. 도서관이나 동네 서점에 들러서 책을 추천해 달라고 부탁하는 방법도 있다. 인터넷의 장점 중 하나는 읽어 줄 수 있는 책 목록이 담긴 블로그와 웹사이트가 수십 개나 있다는 것이다. 나 역시 보물창고에 내가 추천하는 책들을 소개했다.

책을 고르고 나면 표현력 있는 목소리만 있으면 된다. 당신은 훌륭한 이야기를 들려줄 뿐만 아니라 낭독법의 모범을 보인다는 점을 기억해야 한다. 읽으면 읽을수록 편안해지고 잘 읽게 될 것이다. 책을 여러 번 읽어주고 나면 아이가 책을 집어 들고 당신이 보여 준 감성과 억양 그대로 이야기를 '읽는' 모습을 볼 수도 있다. 우리의 목소리는 슬픔과 기쁨, 분노, 유머를 전달하는 놀라운 장치이다. 이야기에 맞춰 목소리를 작게도 크게도 낼 수 있다. 그리고 극적인 순간 바로 전에 숨을 고르고 목소리를 낮추거나, 이야기의 분위기가 전환된다는 신호를 줄 수도 있다.

책의 첫 문장은 읽는 사람과 듣는 사람의 흥미를 끌어야 한다. 그래서 작가와 삽화가들은 독자들로 하여금 계속 읽게 하려고 '페이지 턴page turns' 전략을 사용한다. 칼데콧상을 받은 브라이언 셀즈닉의 《위고 카브레The Invention of Hugo Cabret》(525쪽)는 이야기의 전개에 맞춰 삽입되는 흑백 삽화로 이내 독자들의 관심을 사로잡는다. 모리스 샌닥의 《괴물들이 사는 나라Where the Wild Things Are》는 독자들이 책장을 넘기며 맥스와 함께 그의 상상의 세계를 탐험하게 하는 이야기로, 기본적으로 하나의 긴 문장을 사용한다. 아이가 계속 읽어달라고 조르는 것을 보면 매력적인 책이라는 걸 알게 될 것이다. 아이는 다음 장면에서 무슨 일이 일어날지 알고 싶어한다!

책의 결말은 첫 문장만큼이나 중요하다. “그리고 그들은 오래 오래 행복하게 살았다”는 식으로 끝날 필요는 없지만, 이야기의 결말과 함께 시리즈라면 다음 책에 대한 암시를 주어야 할 것이다. 비현실적인 결말보다는 주인공에 대한 희망의 여운을 남기는 쪽이 더 만족감을 준다. 아마 최고의 책은 끝내고 싶지 않은 책일 것이다.

결론을 말하자면, 책을 읽어주지 않는 것을 제외하면 책읽어주기에 옳고 그른 방법은 없다. 그러니 책을 집어 들고 아이와 함께 읽기 시작하자!

책읽어주기는 **단어**를 익히고 **문법**을 체득하는 길이다

문법은 배우기보다는 체득하는 것이고, 문법을 올바로 사용하는 길은 감기에 걸리는 것과 같다. 즉 노출되어 전염되는 것이다. 올바른 표현의 언어를 들음으로써 말하고 쓸 때 그 표현을 흉내내게 된다. 어떤 표현이 문법적으로 옳은지 그른지를 판정하는 가장 간편한 테스트는 그것을 소리 내어 말해 보는 것이다. 스스로 ‘바르게 들리지 않는다’고 생각된다면, 그것은 잘못된 표현일 가능성이 높다. ‘바르게’ 들리는지 ‘그릇되게’ 들리는지 알 수 있으려면, 먼저 올바른 표현의 언어를 읽거나 들어야 한다.

점점 더 서비스 중심으로 흘러가는 사회에서 유창한 화법은 직장 생활의 필수적인 기술이다. 풍부한 단어를 접할수록 말을 하고 글을 쓸 때 풍부한 단어를 구사하게 된다. 가능한 아이가 어릴 때부터 시작해 초등학교 내내 책을 읽어 주자. 이는 또래들의 빈약한 언어에 대한 대안으로, 비옥하고 흥미롭고 안정된 언어의 모델을 아이에게 보여 주는 것이다.

수화와 보디랭귀지를 제외하면 언어에는 문어와 구어라는 두 가지 형식이 있다. 이 둘은 서로 밀접하게 연관되어 있지만 쌍둥이는 아니다. 문어는 구어에 비해 훨씬 더 구조화되어 있다. 대화는 글에 비해 부정확하며, 종종 비문법적이고 덜 구조화되어 있다. 따라서 어른들과 자주 대화를 하고 이야기를 듣는 아이들은 또래들과의 대화(또는 이메일과 문자)만을 경험하는 아이들에 비해 훨씬 더 많은 언어에 노출된다.

1장에서 아이에게 책을 읽어 주면 대화를 나누는 것보다 어휘력이 더 향상한다는 연구 결과를 인용했다. 하루 동안 아이들은 '듬뿍oodles,' '약한 불로 삶은coddled,' '감질나는tantalizing' 같은 단어를 거의 듣지 못하며, 인쇄물을 통해서는 훨씬 더 적게 본다. 하지만 사색가이자 늘 몽상에 잠기며, 상상 속에서 특별하고 새로운 세계를 창조하는 소녀의 이야기인 주디 샤크너의 그림책 《사라벨의 생각하는 모자Sarabella's Thinking Cap》를 읽어 준다면 아이가 그런 단어들을 듣게 될 것이다. 당신의 아이가 '본질적인 elemental,' '홀딱 반하여 adoringly,' '불신 perfidy,' '단념하다 renounce' 같은 단어를 들은 게 언제였는가? 유별난 생쥐 데스페로와 그가 한 눈에 반한 피 공주, 빛에 매료된 시궁쥐 로스쿠르, 공주가 되고 싶은 하녀 미거리의 이야기를 직조한 케이트 디카밀로의 《생쥐 기사 데스페로 The Tale of Despereaux》를 읽다 보면 이런 단어들을 자주 접할 수 있다.

책읽어주기의 혜택 중 하나는, 아이들이 풍부한 언어를 듣고 나서 부모나 교사들과 그 단어들의 의미를 토론하는 것이다. 책읽어주기는 아이들이 단어에 숙달하고 문법을 이해하는 가장 좋은 방법의 하나이므로 읽기 공부의 기초가 된다.

글을 잘 쓰려면
읽고, 또 **읽어야** 한다

어휘력을 키우고 글을 잘 쓰게 되려면 읽고, 읽고, 또 읽어야 한다. 사전을 찾아가며 철자와 단어를 익히는 것은 결코 최선이 아니다. 교사가 학생들의 이름을 외우거나 당신이 이웃들의 이름을 익힐 때 보고 또 보면서 얼굴과 이름을 연관시키게 되듯이, 우리는 그처럼 철자와 단어의 의미를 익혀야 한다.

거의 모든 사람이 맞춤법이 아닌 시각 기억력에 의지해서 철자를 익힌다. 연구에 따르면, 상형 기호나 기하학 기호를 잘 기억하는 사람이 철자도 잘 익힌다고 한다. 사람들은 대부분 방금 적은 단어의 철자가 미심쩍으면, 그 단어를 다른 식으로 써보고 바르게 보이는 것을 고른다.

아이가 문장과 문단에서 단어를 자주 접하면, 그 단어의 바른 철자를 인식할 확률이 높아진다. 반대로 책을 적게 읽으면 단어를 적게 접하게 되고, 철자를 분별하고 그 의미를 이해할 확률도 낮아진다.

나는 뛰어난 작가치고 책을 좋아하지 않는 사람을 본 적이 없다. 훌륭한 작가는 야구 선수와 같다. 야구 선수는 정기적으로 경기를 하지만, 대부분의 시간을 필드와 덕 아웃에서 다른 선수들이 달리고, 치고, 받고, 던지는 모습을 지켜본다. 훌륭한 작가도 이와 같이 하는데, 글을 쓰지만 그보다 더 많이 읽고 다른 사람들이 어떻게 단어를 던지는지를 지켜보는 것이다. 더 많이 읽을수록 더 잘 쓰게 되며, 이는 국가교육평가원NAEP의 글쓰기 성적표Write Report Card가 증명한다. 글쓰기에서 최상위권에 있는 학생들은 매일같이 가장 많이 쓰는 아이들이 아니라, 책 읽는 것을 즐기고 어느 아이들보다 집에 인쇄물이 많으며 수업 시간에 정규적으로 글쓰기를 해온 아이들이다.

현재의 글쓰기 교육이 잘못된 것은 자크스 바준의 지적대로 단순한 사실, 즉 글쓰기와 말하기는 '복제되는' 경험이라는 사실을

간과한 때문이다. "단어는 귀와 눈을 통해 들어와 혀와 펜을 통해 나간다." 우리는 들은 것을 말하고, 본 것을 쓰는 것이다. 그 중에서도 가장 자주 들은 것을 말하고, 가장 자주 본 것을 쓴다.

여기 읽기와 글쓰기의 연관 관계에 대한 놀라운 사실이 있다. 사람의 두뇌에는 시각 인지체가 청각 인지체보다 30배나 많다는 점이다. 다시 말해, 보는 것이 듣는 것에 비해 단어나 문장을 기억은행에 저장할 확률이 30배나 높은 것이다. 우리의 언어 경험이 주로 TV의 대사와 대화로 이루어진다면, TV를 훨씬 더 많이 본 후에야 조리 있는 문장을 쓸 수 있을 것이다. 중간관리자가 되어 글솜씨를 걱정해야 할 때가 되면 너무 늦을 수 있다. 서른여섯 살에 글쓰기를 배운다는 것은 그 나이에 스케이트보드나 외국어를 배우는 것과 같다. 결코 여덟 살 때 배우는 것만큼 쉬울 수는 없다. 어휘와 논리 정연한 문장은 읽기를 통해 먼저 머리에 업로드하지 않으면 종이에 다운로드할 수 없다.

독서 영재들은 네 가지 **공통점**이 있다

조기 독서가 근본적으로 나쁜 것은 아니며, 도리어 일부 전문가들은 일찍부터 스스로 자연스럽게 책 읽는 법을 익히는 것이 좋다고 믿는다. 이는 부모가 매일같이 아이를 앉혀 놓고 글자와 소리,

음절을 가르치는 정형화된 교육 없이 배우는 것을 말한다. 이 '자연스러운 방식'은 하퍼 리의 《앵무새 죽이기 To Kill a Mockingbird》에서 스카우트가 학습하는 방식으로, 아이가 부모 무릎에 앉아 종이 위를 움직이는 부모의 손가락을 따라 글씨를 보며 읽어 주는 내용을 듣는 것이다. 시간이 가고 때가 무르익으면 아이는 자연스럽게 단어의 소리와 종이 위의 특정 글자를 연결하게 된다.

정식 교육을 받지 않고도 글을 일찌감치 떼고 유치원에 들어가는 아이들이 있다. 이런 아이들을 '독서 영재'라고 하는데, 바로 우리가 주목하는 관심의 대상이다. 많은 연구자가 지난 50년간 이 아이들에 대해서 집중적으로 연구해 왔다. 이 아이들은 대부분 집에서 정식으로 교육을 받은 적이 없고, 상업적인 읽기 교육 프로그램도 일체 이수하지 않았다.

처음부터 어려움 없이 교사의 지도를 받아들이는 독서 영재들에 대한 연구 조사를 보면, 거의 모든 아이의 가정에서 다음의 네 가지 공통점이 발견된다.

- 일찍부터 글을 술술 읽는 아이들은 부모가 자녀와 함께 읽기 · 말하기 · 노래하기 등 글자를 익히는 활동에 참여했다. 이 아이들은 초기 독서 활동에서 부모가 이런 활동에 참여하는 빈도가 적은 아이들보다 읽기 성적이 높았다.
- 부모가 일주일에 한 번 이상 글자와 단어, 숫자를 가르치고 한

달에 한 번 이상 도서관을 찾았다. 불행히도 2016년에 국립교육통계센터NCES는 일주일에 세 번 이상 부모가 책을 읽어 준 4~6세 아이의 비율이 2001년보다 더 낮아졌다고 보고했다.

- 33개국 대상의 2016년 국제읽기능력평가PIRLS 보고서에 따르면, 책을 포함한 집 안의 인쇄물이 읽기 성적을 높일 수 있다. 다른 요인은 책읽기를 좋아하는 부모와 디지털 기기였다. 하지만 책읽기에 대한 부모의 긍정적인 태도가 감소했다는 점은 우려스러웠다. 책읽기를 매우 좋아한다고 답한 부모의 비율은 32%에 불과했고, 17%는 좋아하지 않는다고 답했다.
- 가족들이 아이의 꼬리를 무는 질문에 답하고, 읽고 쓰는 아이의 노력을 칭찬하며, 아이와 함께 도서관에 자주 가고, 책을 구매하며, 아이가 구술하는 이야기를 받아쓰고, 집 안의 눈에 띄는 곳에 아이가 쓴 글을 전시함으로써 아이가 읽기와 글쓰기에 흥미를 갖도록 자극했다. 이들 연구에서 밝혀진 요인 중 어떤 것도 부모의 관심보다 훨씬 더 비용이 들거나 연관성이 큰 것은 없었다.

개방형 **질문**은 **초기 읽기 능력**을 키워 준다

아이에게 책을 읽어 주는 것은 수동적인 활동이 아니다. 책을 읽어 주는 일은 훌륭한 이야기를 들려주는 것 이상이다. 당신은 아이에게 질문을 던지기도 하고 아이의 질문을 적절히 받아넘기기도 할 것이다. 아이가 흥미를 느끼는 요소를 발견해 질문을 끌어내는 일은 책읽어주기의 재미 중 하나이다. 책을 읽어 주며 대화를 유도하고 연관성과 질문을 끌어내려면 어떻게 해야 할까? 다음은 읽기 능력을 키우는 몇 가지 방법이다.

- 표지의 삽화를 보여 주고 이야기 중간 중간에 "이 책이 무슨 이야기 같아?" 또는 "다음에 무슨 일이 일어날 것 같아?"라고 묻는다(예측력).
- 이야기의 특정 지점에서 "방금 무슨 일이 있었지?" 또는 "…에 대해 어떻게 생각하는지 말해 줄래?"라고 묻는다(이해력).
- "소녀가 왜 그랬을까?"라는 질문으로 생각을 확장한다(비판적 사고력).
- 이야기 너머의 생각을 유도한다. "이걸 보니 우리가 …했던 때가 생각나네."(연관성)
- 다른 가능성을 생각할 시간을 준다. "이 일이 너에게 일어난다면 어떻게 할 거 같아?"(문제해결력)

기억해야 할 가장 중요한 일은 즐거운 이야기를 교과서나 시험처럼 느끼지 않도록 하는 것이다. 대신 개방형 질문을 주로 하고,

아이에게 답변에 대해 생각할 시간을 주자. 내가 보통 묻는 세 가지 질문은 아주 간단하다. 즉 (1)…를 어떻게 생각해?, (2)(이야기, 인물, 사건에 관해) 어떤 느낌이 들어?, (3)뭐가 궁금해?

특히 더 큰 아이들로부터 가장 사려 깊은 답변을 끌어내는 질문은 아마 "그래서…?"일 것이다. 개방형 질문은 옳고 그름이 없고 예나 아니오로 대답할 수도 없다. 이런 질문을 하면 아이들에게 다음과 같은 효과가 나타난다.

- 뻔한 생각을 넘어선다.
- 여러 가지 가능성을 고려한다.
- 공감력과 이해력이 향상된다.
- 정보와 감정, 태도를 공유할 시간이 생긴다.
- 무언가를 설명하거나 기술할 기회를 줌으로써 말하기와 언어, 어휘를 확장하고 발전시킬 수 있다.
- 이야기의 일부 또는 전부를 재해석하게 한다.

이야기는 아이의 머리와 **마음**을 깨우친다

1983년 〈위기의 국가A Nation at Risk〉 보고서가 발표된 후로 정부와 재계는 한 가지 즉 IQ만을 강조해 왔다. 교사와 교장, 장학사들에게 고득점에 대한 압박이 가해짐에 따라 교과 과정은 시험 과목들에만 집중되었다. 이 과목들은 주로 IQ와 관련된 것들로, HQ Heart Quotient: 윤리지수를 위한 시간은 거의 없었다. 입시에 출제되지도 않는 것에 대해 누가 가르치고 논하겠는가?

클립톤 페이디만의 말마따나 "똑똑한 사람은 부족하지 않다. 똑똑한 사람은 충분히 많다. 부족한 것은 좋은 사람이다." 그리고 아이의 머리와 마음을 동시에 가르쳐야만 좋은 사람이 되는 것이다. 다니엘 골먼의 《감성지능 Emotional Intelligence: Why It Can Matter More Than IQ》은 이런 주장을 뒷받침하는 가장 설득력 있는 논고이다.

그러면 어떻게 마음을 교육해야 하는가? 두 가지 길밖에 없다. 인생의 경험과 인생 경험에 대한 이야기 즉 문학이 그것이다. 이솝과 소크라테스, 공자, 모세, 예수와 같은 위대한 마음의 설교자와 교사들은 하나같이 자신의 교훈을 설파하기 위해 이야기를 인용했다. 이야기의 힘은 머리와 마음을 가르치고 깨우친다.

요즘에는 학교 성적이 떨어지거나 오르지 못하면, 행정가와 정치인들이 논픽션을 구원의 도구로 삼는다. 대부분의 표준화된 시험 문제에서 주관적 사고나 개인의 가치관을 묻지 않는다는 이유로, 그들은 읽기 교과 과정을 논픽션으로 한정해야 한다고 주장한다.

이런 생각에는 몇 가지 오류가 있다. 이런 주장은 교육 연구에서도 뇌과학에서도 입증된 바가 없다. 문학은 인간의 마음에 가장 가까이 다가가게 하는 중요한 매개로 여겨진다. 그리고 문학의 두 형태(소설과 논픽션) 중에서 우리가 삶의 의미에 가장 가까이 접근하도록 하는 것은 소설이다. 이 책 뒤에 수록한 추천 도서들이 대부분 소설인 이유도 그 때문이다. 또한 32개국 25만 명의 청소년을 조사한 경제협력개발기구OECD 연구에서 소설을 가장 많이 읽는 학생들의 읽기 성적이 가장 높았다는 점도 주목할 만하다.

덧붙이자면, 최근의 뇌과학에서는 소설을 읽을 때 뇌의 활동 범위가 더 넓어진다고 말한다. 소설은 우리가 집중해서 의미를 찾게 하고, 따라서 더 깊이 관여하고 이해하도록 돕는다. 더욱이 좋은 소설은 면밀히 조사한 사실을 토대로 만들어지는 경우가 많다. 예를 들어, 린다 수 박의 《우물 파는 아이들A Long Walk to Water》은 수단의 열한 살짜리 두 아이, 즉 내전으로 가족과 고향을 떠나 난민이 되어 떠도는 소년 살바와 물 부족으로 고통 받는 소녀 니아의 이야기이다. 또 로이스 로리의 뉴베리 수상작인 《별을 헤아리며Number the Stars》는 어린아이의 시선을 통해 제2차 세계대전 중 덴마크 저항군의 이야기를 설득력 있게 다룬다. 1930년대를 배경으로 한 팜 무뇨스 라이언의 《에스페란사의 골짜기Esperanza Rising》는 한 멕시코 소녀가 아버지의 죽음과 화재로 재산을 잃고 캘리포니아로 이주해 살면서 겪는 이야기이다. 이런 책들을 읽을 때 독자는 다른 시대와 장소(배경 지식)에 대한 이해의 폭을 넓히게 된다.

모든 아이가 **소설**을 읽고 책에 **빠지는** 것은 아니다

논픽션은 지난 수십 년 동안 엄청나게 변화했다. 낡은 언어와 지루한 푸른 삽화가 사라졌다. 오늘날에는 수많은 직업과 문화, 국가에서 배출된 인물들을 그린 매혹적인 전기와 자서전, 과학 및 공학 분야의 눈을 뗄 수 없는 연구 기록, 전 세계의 역사적 사건에 대한 흥미진진한 뒷이야기를 다룬 책들을 만날 수 있다. 6년 동안 나는 '오르비스 픽투스 뛰어난 어린이 논픽션 상Orbis Pictus Award Committee for Outstanding Nonfiction for Children'에서 일하는 행운을 누렸다. 그 기간에 나는 유익하고, 흥미로우며, 영감과 더불어 마음에 감동을 주는 많은 책을 원 없이 읽었다.

교사들은 책을 읽어 줄 때 이야기 그림책이나 챕터북을 주로 선택한다. 일반적으로 수업 중에 읽는 논픽션은 곤충이나 시민권처럼 교과 과정을 보조하기 위한 자료로 밀려났다. 이 책들은 아이들이 도서관에서 무더기로 가져와 읽을 수는 있지만, 교사가 읽어 주지는 않는다. 전직 학교 사서로서 말하자면, 도서관에 온 아이들은 곧장 논픽션 섹션으로 달려간다. 모든 소설 책을 읽어주어야 하는 것이 아니듯, 모든 논픽션 책이 읽어 주기에 훌륭하다는 뜻은 아니다. 하지만 보물창고에서 아이들과, 어쩌면 어른들에게 감동을 주는 건 말할 것도 없고 그들의 관심을 끌 수 있는 논픽션 책들을 많이 발견할 수 있을 것이다.

소설을 읽어 줄 때 권장하는 사항 중에 논픽션 특히 이야기 논픽션narrative nonfiction에도 적용되는 것들이 있다. 멜리사 스위트의 《브로드웨이의 풍선: 메이시스 퍼레이드 인형공연가의 실제 이야기Balloons over Broadway: The True Story of the Puppeteer of Macy's Parade》는 토니 사르그가 추수감사절 퍼레이드를 위해 헬륨 풍선을 만들게 된 사연을 이야기한다. 스위트의 책은 토니의 훌륭한 이야기를 전달할 뿐만 아니라 이 연례행사(메이시스 퍼레이드)에 관해 대화를 나누게 한다.

탈레반의 총에 맞은 말랄라 유사프자이에 관한 그림 전기를 읽으며 세상을 더 나은 곳으로 만들겠다는 이 어린 소녀의 신념에 영감을 받지 않을 수 없다. 더 큰 아이들에게는 《대공황의 아이들Children of the Great Depression》이나 에이브러햄 링컨이나 엘리노어 루스벨트의 전기 같은 러셀 프리드먼의 책을 읽어 주면 아주 좋다. 카디르 넬슨의 《위대한 야구 이야기We Are the Ship: The Story of Negro League Baseball》는 빼어난 삽화가 담긴 감동적인 역사 기록이다.

일부 논픽션은 처음부터 끝까지 다 읽을 필요가 없다. 스티브 젠킨스의 책 《신비한 눈의 비밀: 동물들은 어떻게 세상을 볼까? Eye to Eye: How Animals See the World》는 한 쪽 혹은 전체를 다 읽을 수도 있다.

소설과 논픽션이 혼합된 챕더북도 있다. 널리 인기 있는 메리 폽 어즈번의 마법의 시간여행Magic Tree House 시리즈는 잭과 애니 남매가 마법의 오두막집이라는 신비한 공간을 통해 수많은 모험을 펼치는 이야기이다. 하나의 이야기가 끝날 때마다 오스본은 잭과 애니가 마주친 시대와 인물들에 대한 사실적인 정보를 알려준다.

마리아 루는 자신이 어린 시절에 읽은 논픽션과 딸이 지금 읽고 있는 책들에 관해 다음과 같이 이야기한다.

> 지금 와서 생각해 보면, 논픽션 책들은 지루하고 흥미롭지 않았던 것 같아요. 그러나 딸은 책을 닥치는 대로 읽고 소설과 논픽션을 구별하지 않아요. 실제로 딸은 논픽션을 주기적으로 읽는답니다. 요즘 우리는 아이의 탐구력에 불을 붙이는 흥미롭고, 진솔하며, 아름다운 묘사가 가득한 이야기를 읽고 있어요. 제가 느끼기에, 역사상 아이들에게 적합하지 않다고 여겨졌던 주제에 어린 독자들이 관심을 갖고, 질문하며, 이해할 수 있도록 격려하는 방식으로 복잡하고 어려운 진실을 마주하게 하려는 경향이 점점 커지고 있어요. 요즘 아이들은 매우 어른스러운 현실에 노출되므로, 우리가 아이들의 순수함을 보호한다는 핑계로 회피하는 대신 진실을 설명하는 일이 중요하다고 생각해요. 딸은 사건의 진실을 알아가

는 일이 즐겁다고 해요. 딸은 이렇게 말했어요. "말랄라 같은 실제 이야기가 좋아요. 말랄라는 현실을 사는 실제 인물이죠. 저는 미국에 살기 때문에 다른 나라에서 자란다면 어떤 기분일지 이해하기 어려워요. 그래서 더 잘 이해할 수 있도록 다른 장소와 사람들에 대한 이야기를 읽어요."

모든 아이가 소설을 읽고 책에 빠지는 것은 아니라는 점을 명심해야 한다. 논픽션을 포함한 다른 장르의 책들로 아이의 독서 취향을 넓히는 것이 바람직하다.

시를 읽어 주는 것은 어떨까

시는 읽어 줄 거리가 풍부하다. 시는 언어 발달과 창의성, 글쓰기, 자기표현에 도움이 된다. 어린아이들은 시 듣는 것을 정말로 좋아한다. 자장가는 라임이 있어서 갓난아기나 걸음마를 뗀 아기의 귀를 달래는 서정미가 있다. 어린아이를 위한 그림책에는 애나 듀드니의 《라마 라마: 혼자서도 잘 자요 Llama Llama Red Pajama》와 셰리 더스키 린커의 《굿나잇, 굿나잇, 공사장 Goodnight, Goodnight, Construction Site》, 제인 욜런의 《공룡은 밤 인사를 어떻게 할까? How Do Dinosaurs Say Good Night?》처럼 라임이 있는 텍스트와 재미있는 줄거리가 담겨 있다. 유명한 노래의 출발점이 된

카렌 보몽의《이젠 그림 안 그릴 거야!I Ain't Gonna Paint No More!》와 제임스 딘의 원곡으로 인터넷에서도 볼 수 있는《고양이 피터: 운동화를 신고 흔들어 봐Pete the Cat:Rocking In My School Shoes》같은 폭소를 터트리게 하는 책들도 있다. 물론 닥터 수스도 있는데, 만화 같은 삽화가 그려져 있는 그의 책에는 환상적인 언어와 독특한 줄거리가 담겨 있다.

안타깝게도 4학년쯤 되면 무슨 조화인지 시를 즐기는 경향이 바뀐다. 이제 아이들은 간혹 읽는 셸 실버스타인이나 에드워드 리어를 제외하고는 라임을 접하지 못한다. 또 상급반으로 올라가면서 아이들은 시를 외워 암송하거나, 설상가상으로 시를 분석하고 시가 전달하고자 하는 의미를 찾아야 한다. 그리고 이때 하이쿠 · 자유시 · 구상시 · 송시 등 다양한 형태의 시를 써야 한다. 매년 학년이 올라가면서 시는 많은 아이에게 재미없는 것이 되어 버리고, 시를 싫어하는 마음이 점점 커져 어른이 되면 이 문학 형태에 얽힌 기억 때문에 시 낭송은 생각조차 하지 않게 된다.

시를 싫어하는 아이들에게는 산문이 아닌 시로 이야기를 전달하는 운문 소설을 시도해 보자. 캐런 헤스의《모래 폭풍이 지날 때Out of the Dust》는 1998년에 뉴베리상을 받은 책이다. 출간 당시 커다란 반향을 일으켰던 이 이야기는 대공황 시기에 사상 유례없는 모래 폭풍으로 사람들의 삶이 황폐화된 오클라호마의 실화를 바탕으로 한 소설로, 내가 중학교 아이들에게 읽어 준 가장 감동적인 책 중 하나이다. 샤론 크리치의《아주 특별한 시 수업 Love That Dog》은 시를 싫어하지만 시가 글쓰기를 통해 자신을 표현하는 강력한 수단이 될 수 있음을 깨달은 소년에 대한 일련의 자유시이다.

시간이 부족할 때도 어린이와 청소년들에게 시를 읽어 주면 아주 좋다. 또는 집이나 학교에서 책을 읽어 줄 때 몇 편의 시를 포함할 수도 있다. 시를 읽어 줄 자신이 없더라도 몇 번 연습하면 매끄럽게 읽을 수 있다. 어린이와 청소년들을 대상으로 글을 쓰는 시인들을 찾아보자. 리 베넷 홉킨스, J. 패트릭 루이스, 제인 욜런, 레베카 카이 도틀리치, 앨런 카츠, 잭 프렐루스키, 더글러스 플로리언, 나오미 시합 나이 등이 있다.

책읽어주기는 아이에 대한 **사랑**의 메시지이다

한 걸음 물러나 자신이 믿고 있는 것과 왜 그것이 중요한지 깊이 생각해 보는, 원점에 서는 순간을 경험할 때가 올 수 있다. 아이들에게 책을 읽어 주는 일은 내가 눈곱만큼의 의심도 없이 언제나 옹호하는 것이다. 짐 트렐리즈와 로즈마리 웰스, 케이트 디카밀로, 나 같은 사람들뿐만 아니라 이 책에서 만난 다른 사람들이 책읽어주기의 많고 많은 혜택을 칭송하고 있다는 사실이 기쁘다.

《책읽어주기 파헤치기 : 계획적이고 교육적인 책읽어주기 In Unwrapping the Read Aloud : Making Every Read Aloud Intentional and Instructional》에서 레스터 라미낙은 우리가 책을 읽어주어야 하는 이유를 설득력 있게 설명한다.

모든 형태의 문학은 배경이나 인습, 특권, 빈곤과 상관없이 모든 아이의 지평을 넓히는 잠재력이 있음을 상기하고 싶다. 책을 읽어 줄 때 우리는 아이들에게 새로운 관점과 비전을 제공한다. 우리는 그들에게 삶의 문제와 즐거움을 누리는 새로운 방법을 알려 준다. 우리는 그들에게 언어와 이해력을 키우는 새로운 기회를 준다. 우리는 그들이 배울 것이 얼마나 많은지 깨닫도록 도와준다. 책을 읽어 줄 때 우리는 작은 지식을 얻음으로써 더 나은 질문을 하는 방법과 더 나은 질문을 함으로써 더 많이 읽게 된다는 것을 보여 준다. 책을 읽어 줄 때 우리는 그들과 비슷한 사람들과 그들이 상상하지 못했던 사람들을 소개한다… 우리는 그들의 가족이 많은 가족 형태 가운데 하나임을 깨닫도록 도와준다… 그러나 아마도 책을 읽어 줄 때 그들에게 전하는 가장 중요한 메시지는 '시간을 내어 책을 읽어 줄 만큼 너는 소중한 사람이란다'일 것이다.

09

해야 할 일과 해서는 안 되는 일

하지만 그녀를 가장 사랑한 사람은 어머니였다.
하루에도 수백 번씩 어머니는 웃으면서 고개를 저으며
"코알라 루, 사랑해!"라고 말하곤 했다.

멤 폭스, 《코알라 루》

호주 **작가** 멤 폭스는 전 세계 어린이들이 좋아하는 책을 수십 권 썼다. 서정적인 그녀의 언어는 소리 내어 읽어 주기에 안성맞춤이다. 폭스는 책읽어주기에 적합한 글을 쓸 뿐만 아니라 오랫동안 이를 강력하게 지지해 왔다. 폭스는 어른들을 위해 쓴 책《하루 10분 책 육아 Reading Magic: Why Reading Aloud to Our Children Will Change Their Lives Forever》에서 다음과 같이 말했다.

책을 함께 읽으며 접하는 말과 그림, 생각과 관점, 리듬과 라임, 고통과 편안함, 희망과 두려움과 인생의 중요한 문제들을 공유하면서 우리는 마음과 가슴으로 아이들과 연결되고 함께 읽는 책이 맺어 준 비밀 결사 안에서 끈끈한 정을 쌓는다. 읽기의 불길은 아이와 책, 읽어 주는 사람

사이에서 튀는 감정의 불꽃에 의해 점화된다. 이 불은 책이나 아이, 읽어 주는 어른 어느 하나만으로는 피어오르지 않는다. 이는 이 세 가지가 모두 편안하게 화합하면서 한데 어우러지는 관계이다.

책읽어주기에는 옳고 그른 방법이 없다. 남들보다 잘 읽어 주는 사람도 있지만, 그것은 선택한 책과 미리 읽어 보기, 표현력 있게 읽으려는 의지 때문일 때가 많다. 다음 몇 쪽에 책을 선택하고 읽어 주는 과정에서 고려해야 할 주의 사항들을 실었다. 명심하건대, 더 많이 읽어 줄수록 당신은 더 잘 읽어 줄 것이다. 그리고 이야기를 더 많이 들을수록 아이들은 책읽기의 길에 한 발짝 더 다가설 것이다.

해야 **할** 일

책읽어주기를 시작하려고 할 때

- 가능한 한 어려서부터 읽어 주자. 일찍 시작할수록 더 쉽고 더 좋다.
- 유아에게는 마더 구스Mother Goose와 같은 라임이 있는 시와 노래로 아이의 언어와 듣기 능력을 자극하자.
- 특히 영유아에게는 반복되는 구절이 들어 있는, 예측이 가능하고 라임이 있는 책을 읽어 주는 것이 좋다.

- 한 쪽에 몇 문장 정도 있는 그림책부터 시작해 점차 글은 더 많고 그림은 더 적은 책으로, 그런 다음 장이 구분된 책과 소설로 옮겨가자.

읽어 줄 책을 고를 때

- 소설과 논픽션, 시를 넘나들며 글의 길이와 주제를 다양하게 선택하자.
- 때로는 아이의 지적 수준보다 높은 책을 택해 정신적 자극을 주자.
- 아이의 상상력과 집중력이 향상하기 전까지는 서술이 너무 긴 구절이 포함된 책은 피하자.
- 이야기를 듣는 아이에 대해 잘 알아야 한다. 부모라면 매우 다양할 수 있는 아이의 관심사를 활용하자. 교사라면 읽어 줄 새로운 책을 찾기 위해 계속 책을 읽자. 지난해 3학년이 어떤 책을 좋아했다고 해서 올해 아이들도 같으리라는 법은 없다. 관심 목록을 만들어서 아이들이 어떤 책에 흥미를 느낄지 알아보자.
- 아이들이 선택한 책을 존중하자. 처음에는 캡틴 언더팬츠 그래픽 노블 시리즈에 매력을 느끼지 못할 수도 있지만, 관심을 기울이면 아이가 무엇 때문에 이 이야기에 흥미를 느끼는지 알 수 있다.

- 글쓰기 양식이나 형태가 다른 책을 시도해 보자. 예를 들어, 시 형태의 챕터북과 소설은 깊은 울림을 줄 수 있다.
- 그림책은 나이 차가 많이 나는 아이들에게도 함께 읽어 줄 수 있지만, 소설은 그렇지 않다. 아이들이 두 살 이상 차이가 나서 사회적 · 정서적 격차가 있을 경우, 아이들에게 따로따로 읽어 주는 것이 좋다. 부모가 힘은 더 들겠지만, 그 노력은 갑절로 보답받는다. 아이들이 스스로 특별하다고 느끼게 될 것이기 때문이다.
- 좋은 그림책은 모든 아이가, 심지어 10대들까지도 즐긴다는 점을 명심하자.
- 꾸준히 읽어 주자. 한 권을 읽어주기 시작했으면, 잘못 선택한 게 아닌 한 끝까지 읽어 주자. 3, 4일에 한 번씩 띄엄띄엄 읽어 주면서 아이의 흥미가 유지되기를 바라는 것은 욕심이다.

책읽어주기를 준비할 때

- 아이에게 읽어 주기 전에 미리 책을 읽어 보자. 미리 책을 살펴봄으로써 줄이거나 생략할 곳, 설명이 필요한 곳을 찾아내게 된다.
- 책뿐만 아니라 그 작가에 대해서도 소개하자. 인터넷 검색을 하고 표지의 정보를 읽어 보자. 그리고 읽어 주기 전이나 읽어 주는 동안 아이에게 작가에 대해 들려주는 것이다. 이는 아이

에게 책은 기계가 아니라 사람이 쓰는 것이라는 점을 분명히 알려 준다.

- 책을 읽어 주기 전에 잠시 아이가 자리를 잡고 마음을 가라앉히도록 해주자. 소설의 경우에는 전날 읽은 부분에 대해 물어보는 것도 좋다. 이야기를 들을 때 분위기는 대단히 중요하다. "하던 일 멈추고 제자리에 앉아! 자세 똑바로 하고 책에 집중해" 하는 식의 권위적인 명령은, 아이가 이야기를 받아들이려는 마음에 재를 뿌리는 것과 같다.
- 유난히 활동적인 아이는 가만히 앉아 듣기가 어려울 수 있다. 그런 아이에게는 종이와 크레용, 연필 등을 주어 듣는 동안 손을 움직일 수 있게 해주는 것이 좋다.

책을 읽어 줄 때

- 아무리 여러 번 읽어 주더라도 그때마다 제목과 작가, 삽화가를 일러주자.
- 책을 처음 읽어 줄 때는 표지 그림을 보며 "무슨 이야기일까?" 하고 물어 보자.
- 예측 가능한 책을 여러 번 반복해서 읽어 줄 때는 중요한 단어나 구절에서 멈춰 아이에게 말할 수 있는 기회를 주자.
- 아이의 참여를 독려할 때는 아이에게 책장을 넘기도록 하자.
- "다음엔 무슨 일이 일어날 것 같아?" 혹은 "지금까지 이야기

의 어떤 점이 마음에 들어?"라고 가끔 물어 보며 아이를 참여시키자.

- 읽어 줄 때는 생동감 있게 다양한 표현을 사용하자. 가능하면 대화에 맞춰 목소리 톤을 바꿔 보자. 이 등장인물은 행복한가, 슬픈가? 소리를 지르는가, 속삭이는가?
- 이야기에 맞춰 읽는 속도를 조절하자. 긴장된 부분에서는 천천히 목소리를 낮추되, 적절한 순간에 목소리를 낮춰 아이의 긴장감을 고조시키자.
- 아이에게 책을 읽어 줄 때 가장 흔히 하는 실수는 책을 너무 빨리 읽는 것이다. 아이가 이야기를 들으면서 상상의 나래를 펼 수 있도록 여유 있게 천천히 읽어 주자. 아이가 책 속의 그림을 찬찬히 볼 수 있도록 천천히 읽어 주자. 너무 빨리 읽으면 목소리 톤을 바꿔가며 읽기도 어렵다.
- 좋은 '코치'가 되자. 아이가 알아채지 못할 수 있는 중요한 대목에 이르면, 잠시 멈추고 이렇게 속삭인다. "으…음. 이건 중요한 일일 수 있어."
- 그림책을 읽어 줄 때는 아이가 그림을 쉽게 볼 수 있도록 해주어야 한다. 텍스트와 삽화는 함께 이야기를 전달하므로, 텍스트를 읽어주고 나서 삽화를 보여 주는 일은 삼가자.
- 소설을 읽어 줄 때는 부모도 아이도 편한 곳에 자리를 잡자. 교실에서는 교탁 가장자리에 앉든 서든 교사의 머리를 아이

들 머리보다 높게 두고 목소리가 교실 끝까지 잘 들릴 수 있게 하자. 햇빛이 들어오는 밝은 창을 등지고 읽어 주는 것은 좋지 않다. 햇살에 아이들의 눈이 피로해지기 때문이다.

• 한 장이 너무 길거나 매일 한 장씩 마칠 시간이 충분치 않다면, 긴장이 고조되는 순간에 멈추자. 그리하여 아이가 다음날 책 읽어 주는 시간을 손꼽아 기다리게 하자.

• 집에서나 교실에서나 책을 읽어 준 후에 토의할 시간을 갖도록 하자. 책은 생각과 희망, 두려움, 궁금증을 불러일으킨다. 이런 감정을 드러내게 해주고, 아이가 원한다면 말이나 글, 그림으로 그 감정을 표현하도록 해주자. 그러나 토의를 퀴즈로 대체하거나, 아이에게 이야기의 해석을 강요해서는 안 된다.

가족들이 읽어 줄 때

• 아버지들은 아이들에게 더 많은 노력을 기울여야 한다. 초등학교 교사의 대다수가 여성이기 때문에 남자아이들은 책읽기를 여성이나 학업과 연관시키는 경향이 있다. 아버지들이 책 읽어주기에 빨리 관심을 가질수록, 하루라도 빨리 읽어 줄수록 남자아이들은 스포츠만큼이나 책도 머릿속에 새기게 될 것이다. 또한 남자아이들이 관심 있어 하는 책들을 고르자.

• 큰 아이가 자신보다 어린 동생에게 책을 읽어주도록 격려하자. 그러나 이는 어쩌다 하는 일로 큰 아이가 부모의 역할을

대신하게 해서는 안 된다. 아이의 근본적인 역할 모델은 어른이라는 점을 잊지 말자.

- 아이들이 부모에게 책을 읽어주고 싶어할 때는 어려운 책보다는 쉬운 것이 좋다. 자전거를 처음 탈 때 큰 자전거보다 작은 것이 나은 것과 같은 이치이다.
- 아이들이 매일 혼자 읽는('읽기'라는 게 책장을 넘기며 그림만 보는 것이라도) 시간을 마련하자. 꾸준히 혼자 읽는 시간을 마련하지 못하면 책읽어주기의 노력은 모두 허사가 되고 만다.

그리고 기억할 일

- 책읽어주기는 처음부터 저절로 되는 일이 아니다. 능숙하게 잘 읽으려면 꾸준히 읽어주어야 한다.
- 매일 일정한 시간을 정해 읽어 주되, 차 안이나 식사 시간, 목욕 시간 등 아이와 함께하는 시간 틈틈이 읽어 줄 시간을 찾자.
- 듣는 능력은 습득되는 것으로, 꾸준히 가르치면 조금씩 나아진다. 결코 하룻밤에 이루어지지 않는다.
- 캐롤린 바우어 박사의 제안대로, 마치 천재지변이 일어났을 때의 행동지침처럼 방문 앞에 표어를 붙여 보자. "비상용 책을 잊지 말 것!" 비상용 책을 가방이나 자동차 트렁크에 넣어 두고 길이 막히거나 대기 시간이 길어질 때 읽도록 하자.
- 부모는 책읽기의 모범이 되어야 한다. 책 읽어 주는 시간 말고

부모 스스로 틈날 때마다 책 읽는 모습을 보여 주자. 자신이 읽고 있는 책에 대한 관심과 열정을 아이에게도 들려주자.

해서는 **안 되는** 일

읽어 줄 책을 고를 때

• 부모 자신이 즐길 수 없는 이야기는 피하자. 읽어 줄 때 싫어하는 마음이 드러나서 책읽기의 즐거움을 전하려는 본래의 목적을 해치게 된다.

• 책을 잘못 골랐다는 생각이 분명해지면 중간에 그만두자. 실수를 인정하고 다른 책을 고르자. 그렇지만 어떤 책이라도 일정한 분량의 공평한 기회를 주어야 한다. 예를 들어 나탈리 배비트의 《트리갭의 샘물 Tuck Everlasting》은 다른 책에 비해 도입부의 진행이 느린 편이다(최소한 책의 일부분을 미리 읽어 보면 이런 문제를 피할 수 있다).

• 교사들은 모든 책을 학업과 연결하려는 강박관념을 버려야 한다. 넓은 문학의 범위를 좁은 교과 과정의 한계에 가두지 말자.

• 듣는 아이를 주눅들게 하지 말자. 아이의 지적 · 사회적 · 감성적 수준을 고려해 읽어 줄 책을 고르자. 어떤 경우에도 아이의 감성적 한계를 넘는 책을 읽어주어서는 안 된다.

• 아이들이 이미 들었거나 TV나 영화관에서 본 책은 피하자. 소

설의 줄거리를 미리 알면 흥미를 잃게 된다. 그렇지만 책을 읽고 난 후 영화를 보는 것은 괜찮다. 아이가 필름보다 책에 얼마나 풍성한 내용이 들어 있는지 깨달을 수 있는 좋은 기회이다.

- 읽어 줄 소설을 고를 때 대화가 너무 많은 책은 피하는 것이 좋다. 아이들이 읽어 주는 것만 듣고는 이해하기가 어렵기 때문이다. 들여쓰기와 인용문이 많은 글은 오히려 혼자 읽기에 적당하다. 책을 직접 읽을 때는 따옴표를 보면서 그것이 다른 사람의 목소리임을 알 수 있지만, 듣기만 할 때는 그렇지 못하다. 만약 작가가 대화의 말미에 말하는 사람을 알려 주는 구절마저 쓰지 않는다면, 아이들은 누구의 말인지 알 길이 없다.
- 책의 수상 내역에 현혹되지 말자. 유명한 상을 받았다고 해서 그 책이 반드시 읽어 주기에 좋은 것은 아니다. 대부분의 경우 상은 잘 쓰인 글에 주어지는 것이지, 읽어 주기 좋은 글에 주어지는 것은 아니다.

책을 읽어 줄 때

- 읽어 줄 시간이 너무 짧다면 차라리 시작하지 말자. 달랑 한두 쪽만 읽어주다 마는 것은 책에 대한 흥미를 자극하는 게 아니라 오히려 꺾는 것이다.
- 읽어 줄 때 지나치게 풀어진 자세는 피하자. 눕거나 기댄 자세는 졸음을 부르기 쉽다.

- 아이의 질문을 귀찮아하지 말자. 잠을 늦게 자려고 일부러 질문을 하는 게 아니라면 인내심을 갖고 답해 주자. 책은 언제라도 읽어 줄 수 있지만, 아이의 궁금증은 시간이 지나면 사라져 버린다. 참을성 있는 대답으로 아이의 호기심을 키워 준 후에 다시 읽기 시작하자. 하지만 교실에서는 질문을 이후로 미루어야 한다. 20명의 아이가 교사에게 좋은 인상을 남기려고 질문을 쏟아내기 시작하면 책을 끝까지 읽기가 어렵다.
- 이야기를 듣는 아이에게 해석을 강요하지 말자. 그보다 아이 스스로 이야기하게 하자. 읽기 능력은 아이가 이야기에 이어 토의할 수 있을 때 가장 크게 향상한다.

그리고 기억할 일

- 질과 양을 혼동하지 말자. 세심한 주의와 열정을 기울여 15분간 책을 읽어 주는 것이 2시간 동안 혼자 TV를 보는 것보다 아이의 머릿속에 더 오래 남는 법이다.
- 책을 협박용으로 사용해서는 안 된다("방 안 치우면 오늘밤 이야기는 없을 줄 알아!"). 어떤 아이나 학급도 책읽어주기를 얻어낼 특혜와 선물로 생각해서는 안 된다.

보물창고

소리 내어 읽어 주기에 좋은 책

"그건… 남자아이가 읽는 책, 여자아이가 읽는 책이
따로 있다고는 생각하지 않아요.
사람이 읽는 책이 있다고 생각해요."

배리언 존슨, 《파커의 유산》

어떤 책을 읽어 줄 것인가는 매우 중요한 문제이다. 모든 책이 읽어 줄 만한 것은 아니다. 문장 구조가 지나치게 복잡한 글은 읽어 주기에 적합하지 않다. 또한 혼자 읽기에 따분한 책은 읽어 주기에도 지루하다. 읽어 주기를 할 때 무엇보다 중요한 것은 책을 고르는 일이다. 그래서 이 장에서는 주제와 문체, 구성이 단단한 글을 중심으로 소리 내어 읽어 주기에 적당한 목록을 제공하고자 한다.

이 책의 독자들이 모두 아동문학에 정통하지는 않을 것이다. 부모나 교사 노릇이 처음인 사람이 있는가 하면, 경험이 많은 사람도 있다. 어린 시절에 읽은 책을 고르는 사람이 있는가 하면, 새로운 책을 찾는 사람도 있다. 다양한 독자가 만족할 수 있도록 이 목록을 준비하면서 과거와 현대의 균형을 맞추려 노력했다.

모든 도서 목록이 위험한 이유는, 언급할 가치가 있는 많은 책을 충분히 다루려면 1,000쪽은 족히 필요하기 때문이다. 이 목록은 광범위한 책을 소개하기보다는 입문용으로 시간 절약에 도움이 된다. 소리 내어 읽어 주기 어렵거나, 로버트 코마이어의 《초콜릿 전쟁The Chocolate War》(주제)이나 크리스토퍼 폴 커티스의 《어린 찰리의 여행The Journey of Little Charlie》(사투리)처럼 혼자 읽는 것이 최선인 책들은 이 목록에 넣지 않았다.

이 목록에는 10년 이상 꾸준히 읽히는 책들이 포함되어 있는데, 이는 훌륭한 보증서 역할을 한다. 책이 오래도록 읽힌다는 것은 사람들이 계속 사거나 빌린다는 의미이다.

읽히기를 기다리는 흥미로운 최근 책들도 목록에 넣었다. 판매가 지속될지 단언하기는 어렵지만, 살아남을 책들을 택하기 위해 최선을 다했다.

이 목록은 아래의 8개 범주로 분류했으며, 모든 책 제목을 가나다순으로 정리했다. 책마다 듣기 수준도 표시했다. 따라서 '6-9세'라는 글자가 보이면, 그것은 여섯 살부터 아홉 살까지의 아이가 듣고 이해할 수 있는 이야기임을 뜻한다(다만, 이 권고 연령은 매우 유동적인 것이어서 딱히 정해져 있는 규정이 아니라는 사실을 유념하기 바란다). 이는 책의 읽기 수준이 아니다.

다음은 다양한 책의 종류를 설명한 것이다.

- **글 없는 그림책** 이 책들은 텍스트 없이 전적으로 삽화를 통해 이야기를 전달한다. 이 책들은 당신과 아이가 상상력을 이용해 이야기를 만들어 낼 훌륭한 기회를 제공한다.
- **예측 가능한 책** 이 책들은 단어나 문장 패턴이 자주 반복되어 아이들이 이 문구들을 예측하며 읽기에 참여할 수 있다. 텍스트에는 아이들의 참여를 이끄는 매력적인 운율이 있다. 또한 이 책들은 단어를 더 쉽게 배우기 때문에 자연스럽게 읽게 만든다. 그 결과 아이들이 책에 나오는 단어를 사용하게 된다.
- **라임이 있는 이야기** 라임은 어린아이들이 배우기 어려운 개념이다. 이야기와 시, 노래를 통해 라임이 맞는 단어들을 반복해서 듣다 보면 아이가 언어를 가지고 놀면서 이 중요한 개념을 파악하게 된다.
- **그림책** 텍스트와 삽화가 조화를 이루어 그림책의 이야기를 창조한다. 그림책은 어린아이뿐만 아니라 모든 연령대를 위한 책이다.
- **초기 챕터북 시리즈** 아이들에게 챕터북 시리즈를 소개하면 혼자 읽는 힘이 점점 길러진다. 이런 시리즈에는 아이들이 공감하는 인물들이 나오고, 삽화가 많아서 챕터북과 소설로 갈아타기가 쉬워진다.
- **챕터북과 소설** 이야기, 그래픽 소설, 일러스트 소설, 운문 소설 등 작가는 다양한 방법으로 이야기를 들려준다. 이 범주에서는

다양한 듣기 수준을 아우르는 모든 글쓰기 양식을 소개했다.

- **논픽션** 논픽션 책의 딱딱한 문체와 지루한 삽화는 오래전에 사라졌다. 나는 보물창고에서 이야기가 담긴 논픽션 책이나 책읽어주기가 즐거워지는 문체의 책을 추천했다.
- **시** 오늘날 가장 흥미롭고 아름다운 삽화가 그려진 책 중에 시가 담긴 책들이 있다. 나는 최고의 책들을 추천했다.

나는 가능한 절판되지 않은 책들을 골랐다. 요즘에는 온라인 중고 서점이 있어서 전보다 수월해졌지만, 시중에서 쉽게 살 수 없는 책을 구하는 일은 여전히 어렵고 때로는 비용이 많이 든다.

아무쪼록 나는 보물창고의 책들이 아이의 감성과 상상력을 자극하고 정신을 살찌우기를 바란다. 책 속의 이야기를 통해 아이가 앞으로 펼쳐질 인생에서 힘을 얻기를 바란다. 또한 이 책들이 아이에게 등대가 되어 주는 그런 문학으로 자리 잡기를 소망한다. 아이와 즐거운 책읽기 시간을 갖기를!

저자는 보물창고에 300여 권의 책을 소개하고 있다. 여기에는 그 가운데 국내에 번역 출간된 100여 권의 책을 수록했다. 전체 목록은 출판사의 블로그 https://blog.naver.com/bookline64에 있으니 필요한 독자는 참고하시기 바란다.___편집자 주

글 없는 그림책

《내가 잡았어! I Got It!》, 데이비드 위즈너, 시공주니어, 2018, 44쪽 • 6-10세

《벤의 꿈 Ben's Dream》, 크리스 반 알스버그, 문학동네, 2001, 32쪽 • 6-11세

《빨강 파랑 강아지 공 A Ball for Daisy》, 크리스 라쉬카, 지양어린이, 2012, 32쪽 • 4-8세

《사자와 생쥐 The Lion and the Mouse》, 제리 핑크니, 별천지(열린책들), 2010, 32쪽 • 4-9세

《세상에서 가장 용감한 소녀 Wolf in the Snow》, 매튜 코델, 비룡소, 2018, 56쪽 • 4-9세

《이상한 자연사 박물관 Time Flies》, 에릭 로만, 미래아이, 2001, 32쪽 • 6-11세

예측 가능한 책

《갈색 곰아, 갈색 곰아, 무엇을 보고 있니? Brown Bear, Brown Bear, What Do You See?》, 빌 마틴 주니어 글, 에릭 칼 그림, 더큰, 2007, 32쪽 • 4-7세

《고양이 피터 : 난 좋아 내 하얀 운동화 Pete the Cat : I Love My White Shoes》, 에릭 리트윈 글, 제임스 딘 그림, 상상의힘, 2012, 38쪽 • 4-9세

《멍멍아, 같이 자자! Move Over, Rover!》, 카렌 보몽 글, 제인 다이어 그림, 뜨인돌어린이, 2008, 40쪽 • 4-9세

《배고픈 애벌레 The Very Hungry Caterpillar》, 에릭 칼 글그림, 더큰, 2007, 30쪽 • 2-8세

《쉬잇! 다 생각이 있다고 Shh! We Have a Plan》, 크리스 호튼 글그림, 비룡소, 2017, 40쪽 • 4-9세

《치카치카 붐붐 Chicka Chicka Boom Boom》, 빌 마틴 주니어 글, 로이스 엘렛 그림, 케이유니버스, 2001, 30쪽 • **4-9세**

라임이 있는 이야기

《라마 라마: 사이좋게 놀아요 Llama Llama Time to Share》, 애나 듀드니 글 그림, 상상박스, 2013, 40쪽 • **4-9세**

《발명가 로지의 빛나는 실패작 Rosie Revere, Engineer》, 안드레아 비티 글, 데이비드 로버츠 그림, 천개의바람, 2015, 32쪽 • **6-10세**

《아기곰이 잠잘 때 Bear Snores On》, 카르마 윌슨 글, 제인 채프먼 그림, 주니어RHK, 2009, 40쪽 • **4-8세**

그림책

《괴물들이 사는 나라 Where the Wild Things Are》, 모리스 샌닥 글그림, 시공주니어, 2002, 48쪽 • **6-10세**

《그림 없는 책 The Book with No Pictures》, B. J. 노박, 시공주니어, 2016, 48쪽 • **6-10세**

《나도 고양이야! I Am a Cat》, 갈리아 번스타인 글그림, 현암주니어, 2017, 40쪽 • **4-9세**

《난 지구 반대편 나라로 가버릴테야! Alexander and the Terrible, Horrible, No Good, Very Bad Day》, 주디스 바이올스트 글, 레이 크루즈 그림, 고슴도치, 2000, 30쪽 • **6세 이상**

《내 로봇은 Doll-E 1.0 Doll-E 1.0》, 샨다 멕로스키 글그림, 라임, 2018, 40쪽 • **4-9세**

《당나귀 실베스터와 요술 조약돌 Sylvester and the Magic Pebble》, 윌리엄 스

타이그 글그림, 비룡소, 2017, 56쪽 • 4–11세

《마이크 멀리건과 증기 삽차 Mike Mulligan and His Steam Shovel》, 버지니아 리 버튼 글그림, 시공주니어, 1996, 44쪽 • 6–11세

《매들린 핀과 도서관 강아지 Madeline Finn and the Library Dog》, 리사 팹 글그림, 그린북, 2016, 40쪽 • 6–10세

《바다와 하늘이 만나다 Ocean Meets Sky》, 테리 펜, 에릭 펜 글그림, 북극곰, 2018, 48쪽 • 6–10세

《빨간 모자 Little Red Riding Hood》, 제리 핑크니 글그림, 별천지(열린책들), 2010, 30쪽 • 4–10세

《넬슨 선생님이 사라졌다! Miss Nelson Is Missing!》, 해리 알러드 글, 제임스 마셜 그림, 천개의바람, 2020, 40쪽 • 4–11세

《소피가 화나면, 정말 정말 화나면 When Sophie Gets Angry-Really, Really Angry…》, 몰리 뱅 글그림, 책읽는곰, 2013, 36쪽 • 4–9세

《씩씩한 마들린느 Madeline》, 루드비히 베멀먼즈 글그림, 시공주니어, 2001, 56쪽 • 6–10세

《아기 오리들한테 길을 비켜 주세요 Make Way for Ducklings》, 로버트 맥클로스키 글그림, 시공주니어, 1999, 67쪽 • 4–9세

《아빠, 숙제 도와주세요 Interrupting Chicken and the Elephant of Surprise》, 데이비드 에즈라 스테인 글그림, 시공주니어, 2018, 48쪽 • 4–9세

《아빠와 민들레 Dandy》, 에이미 다이크맨 글, 찰스 산토소 그림, 키즈엠, 2019, 40쪽 • 4–9세

《안녕, 나의 등대 Hello Lighthouse》, 소피 블랙올 글그림, 비룡소, 2019, 48쪽 • 3–10세

《엄청나게 근사하고 세상에서 가장 멋진 내 모자 Old Hat》, 에밀리 그래빗 글그림, 비룡소, 2018, 36쪽 • 4–9세

《오싹오싹 당근 Creepy Carrots!》, 에런 레이놀즈 글, 피터 브라운 그림, 알에이치코리아(RHK), 2020, 40쪽 • **6-10세**

《엄마의 의자 A Chair for My Mother》, 베라 B. 윌리엄스 글그림, 시공주니어, 1999, 30쪽 • **6-10세**

《우리들의 특별한 버스 A Bus Called Heaven》, 밥 그레이엄 글그림, 시공주니어, 2012, 40쪽 • **4-8세**

《우리 선생님이 최고야! Lilly's Purple Plastic Purse》, 케빈 헹크스 글그림, 비룡소, 1999, 32쪽 • **4-8세**

《우리 아기는 척척박사 The Everything Book》, 데니스 플레밍 글그림, 보물창고, 2007, 64쪽 • **1-3세**

《우리 학교에 이상한 친구가 전학 왔어요 Marshall Armstrong Is New to Our School》, 데이비드 매킨토시 글그림, 아이세움, 2011, 32쪽 • **4-8세**

《작은 집 이야기 The Little House》, 버지니아 리 버튼 글그림, 시공주니어, 1993, 50쪽 • **4-10세**

《코끼리 행진 Aparade of Elephants》, 케빈 헹크스 글그림, 키즈엠, 2019, 40쪽 • **2-7세**

《코끼리는 절대 안 돼! Strictly No Elephants》, 리사 맨체프 글, 유태은 그림, 한림출판사, 2017, 32쪽 • **4-10세**

《펭귄은 너무해 Penguin Problems》, 조리 존 글, 레인 스미스 그림, 미디어창비, 2017, 40쪽 • **6-10세**

《하늘에서 음식이 내린다면 Cloudy with a Chance of Meatballs》, 쥬디 바레트 글, 론 바레트 그림, 토토북, 2007, 32쪽 • **4-12세**

《행복을 나르는 버스 Last Stop on Market Street》, 맷 데 라 페냐 글, 크리스티안 로빈슨 그림, 비룡소, 2016, 40쪽 • **4-9세**

초기 챕터북 시리즈

《마법의 시간여행1-높이 날아라, 프테라노돈! Dinosaurs Before Dark》, 메리 폽 어즈번 글, 살 머도카 그림, 비룡소, 2019, 96쪽 • **6-9세**

《최고의 이야기꾼 구니 버드 Gooney Bird Greene》, 로이스 로리 글, 미디 토마스 그림, 보물창고, 2007, 128쪽 • **6-9세**

챕터북과 소설

《구덩이 Holes》, 루이스 새커, 창비, 2007, 334쪽 • **11-15세**

《나의 산에서 My Side of the Mountain》, 진 크레이그헤드 조지, 비룡소, 2005, 304쪽 • **10-15세**

《나의 올드 댄, 나의 리틀 앤 Where the Red Fern Grows》(전2권), 윌슨 롤스, 웅진주니어, 2003, 각권 212, 220쪽 • **10세 이상**

《난 버디가 아니라 버드야! Bud, Not Buddy》, 크리스토퍼 폴 커티스, 시공사, 2006, 303쪽 • **11-15세**

《내겐 드레스 백 벌이 있어 The Hundred Dresses》, 엘레노어 에스테스 글, 루이스 슬로보드킨 그림, 비룡소, 2002, 86쪽 • **10-13세**

《내 친구 윈딕시 Because of Winn-Dixie》, 케이트 디카밀로, 시공주니어, 2019, 212쪽 • **9-12세**

《랄프와 오토바이 The Mouse and the Motorcycle》, 비벌리 클리어리 글, 루이스 달링 그림, 시공주니어, 2007, 208쪽 • **6-9세**

《레모니 스니켓의 위험한 대결1 : 눈동자의 집 The Bad Beginning》, 레모니 스니켓 글, 렛 헬퀴스트 그림, 문학동네, 2009, 143쪽 • **9-11세**

《레몬첼로 도서관 탈출 게임 Escape from Mr. Lemoncello's Library》, 크리스 그라번스타인, 사파리, 2016, 408쪽 • **10-14세**

《롤러 걸 Roller Girl》(그래픽 소설), 빅토리아 제이미슨, 비룡소, 2016, 240쪽 • 11–14세

《루저 클럽 The Losers Club》, 앤드루 클레먼츠 글, 불키드 그림, 웅진주니어, 2019, 344쪽 • 10–14세

《릴리 이야기 Lily's Crossing》, 패트리샤 레일리 기프, 개암나무, 2007, 256쪽 • 10–13세

《마이티 Freak the Mighty》, 로드먼 필브릭, 오즈북스, 2005, 250쪽 • 13–16세

《맨발의 소녀 The War That Saved My Life》, 킴벌리 브루베이커 브래들리, 라임, 2019, 288쪽 • 11–14세

《별볼일 없는 4학년 Tales of a Fourth Grade Nothing》, 주디 블룸, 창비, 2015, 184쪽 • 10–12세

《별을 헤아리며 Number the Stars》, 로이스 로리, 양철북, 2008, 174쪽 • 11–14세

《비밀의 숲 테라비시아 Bridge to Terabithia》, 캐서린 패터슨 글, 도나 다이아몬드 그림, 사파리, 2012, 248쪽 • 11–14세

《비밀의 화원 The Secret Garden》, 프랜시스 호즈슨 버넷 글, 타샤 튜더 그림, 시공주니어, 2019, 408쪽 • 9–12세

《사이공에서 앨라배마까지 Inside Out & Back Again》, 탕하 라이 글, 흩날린 그림, 한림출판사, 2013, 288쪽 • 10–15세

《사자와 마녀와 옷장 The Lion, the Witch and the Wardrobe》(나니아 나라 이야기2), C. S. 루이스 글, 폴린 베인즈 그림, 시공주니어, 2001, 229쪽 • 10–13세

《샬롯의 거미줄 Charlotte's Web》, E. B. 화이트 글, 가스 윌리엄즈 그림, 시공주니어, 2000, 264쪽 • 6–11세

《세상에 단 하나뿐인 아이반 The One and Only Ivan》, 캐서린 애플게이트,

다른, 2013, 304쪽 • **10–14세**

《소원나무 Wishtree》, 캐서린 애플게이트, 책과콩나무, 2019, 232쪽 • **10–13세**

《손도끼 Hatchet》, 게리 폴슨, 사계절, 2001, 186쪽 • **13세 이상**

《스마일 Smile》(그래픽 소설), 레이나 텔게마이어 글그림, 보물창고, 2019, 232쪽 • **11–15세**

《스튜어트 리틀 Stuart Little》, E. B. 화이트 글, 가스 윌리엄즈 그림, 책빛, 2015, 176쪽 • **6–10세**

《시티 오브 엠버 The City of Ember》, 잔 뒤프라우, 두레, 2008, 424쪽 • **11–14세**

《안녕, 우주 Hello, Universe》, 에린 엔트라다 켈리, 밝은미래, 2018, 320쪽 • **12–15세**

《안녕, 케이틀린 Mockingbird》, 캐스린 어스킨, 주니어RHK, 2011, 280쪽 • **13세 이상**

《엘머의 모험 My Father's Dragon》, 루스 스타일스 개니트 글, 루스 크리스만 개니트 그림, 비룡소, 2001, 110쪽 • **6–9세**

《와일드 로봇의 탈출 The Wild Robot》, 피터 브라운, 거북이북스, 2019, 288쪽 • **10–14세**

《왕자와 매맞는 아이 The Whipping Boy》, 시드 플라이슈만 글, 피터 시스 그림, 아이세움, 2004, 146쪽 • **10–13세**

《우리의 챔피언 대니 Danny, the Champion of the World》, 로알드 달 글, 퀀틴 블레이크 그림, 시공주니어, 2020, 316쪽 • **10–12세**

《위시 Wish》, 바바라 오코너, 놀, 2017, 280쪽 • **11–14세**

《웨이싸이드 학교 별난 아이들 Sideways Stories from Wayside School》, 루이

스 새커, 창비, 2006, 198쪽 • **9–12세**

《위고 카브레 The Invention of Hugo Cabret》(전2권), 브라이언 셀즈닉 글그림, 꿈소담이, 2007, 각권 264쪽, 288쪽 • **10세 이상**

《이상하게 파란 여름 Raymie Nightingale》. 케이트 디카밀로, 비룡소, 2016, 268쪽 • **10–14세**

《제임스와 슈퍼 복숭아 James and the Giant Peach》, 로알드 달 글, 퀀틴 블레이크 그림, 시공주니어, 2019, 264쪽 • **6–13세**

《조금만, 조금만 더 Stone Fox》, 존 레이놀즈 가디너 글, 마샤 슈얼 그림, 시공주니어, 2019, 100쪽 • **8–14세**

《집주인에게 고한다 계약을 연장하라! The Vanderbeekers of 141st Street》, 카리나 얀 글레이저, 씨드북, 2019, 284쪽 • **10–13세**

《천둥아, 내 외침을 들어라! Roll of Thunder, Hear My Cry》, 밀드레드 테일러, 내인생의책, 2004, 296쪽 • **12세 이상**

《초능력 다람쥐 율리시스 Flora & Ulysses: The Illuminated Adventures》, 케이트 디카밀로 글, K. G. 캠벨 그림, 비룡소, 2014, 288쪽 • **9–12세**

《캡틴 샬럿 The True Confessions of Charlotte Doyle》, 애비, 문학동네, 2007, 359쪽 • **11세 이상**

《파피 Poppy》, 애비, 보물창고, 2019, 216쪽 • **6–11세**

《프린들 주세요 Frindle》, 앤드루 클레멘츠, 사계절, 2001, 154쪽 • **10–13세**

《켄즈케 왕국 Kensuke's Kingdom》, 마이클 모퍼고 글, 마이클 포어먼 그림, 풀빛, 2001, 211쪽 • **10–12세**

《크리스핀의 모험 Crispin: The Cross of Lead》(전2권), 애비, 서울문화사, 2004, 1,2권 각 199쪽 • **11–14세**

《클로디아의 비밀 From the Mixed-up Files of Mrs. Basil E. Frankweiler》, E. L.

코닉스버그, 비룡소, 2000, 208쪽 • **11–14세**

《해리 포터와 마법사의 돌 Harry Potter and the Sorcerer's Stone》(전2권, 해리 포터 시리즈), J. K. 롤링, 문학수첩, 2019, 각권 268, 244쪽 • **9–15세**

논픽션

《열다섯 살의 용기 : 클로뎃 콜빈, 정의 없는 세상에 맞서다 Claudette Colvin: Twice Toward Justice》, 필립 후즈, 돌베개, 2011, 212쪽 • **14세 이상**

시

《골목길이 끝나는 곳 Where the Sidewalk Ends》, 셸 실버스타인, 보물창고, 2008, 168쪽 • **6–15세**